# 홈에스테틱으로 꿀피부 만들기

# 홈에스테틱 으로 꿀피부 만들기

데구치 아야 지음
김지영 옮김

하루 30초,
셀프 에스테틱으로
2만 명이 입증한
뷰티 시크릿!

율리시즈

# 30초 투자로
# 날렵한 페이스 라인과 아기 피부 완성!

안녕하세요. 에스테티션 데구치 아야입니다.

이 책을 읽고 계신 여러분께 먼저 감사의 말씀 드립니다.

저는 연회비 600만 엔의 회원제 에스테틱 살롱에서 책임자로 일한 뒤, 도쿄 아자부麻布에서 살롱을 개업했습니다. 24년간 일하면서 2만 명이 넘는 고객을 시술했고, 400명이 넘는 프로 테라피스트를 육성했지요. 지금은 에스테티션 최고의 기술을 연구해서 직접 고안한 '셀프 에스테틱'을 소개하는 세미나와 강연 활동을 하고 있어요.

이 책에서는 마법처럼 놀라운 효과를 볼 수 있는 '셀프 에스테틱'을 알기 쉽게 소개하려고 합니다.

셀프 에스테틱은 하루에 한 번 30초씩만 해도 효과가 바로 나타나요.

● 이중턱이 사라진다! 살 빠졌냐는 말을 듣게 된다.

● 눈 밑의 다크서클이 옅어진다!

- 팔자주름이 옅어지고 나이보다 젊어 보인다.

- 칙칙한 피부가 개선되고 기미가 옅어진다.

- 눈가의 처짐이 개선되고 눈매가 또렷해진다.

- 출렁거리는 팔뚝살이 매끈해진다.

  등등…….


제 세미나에서는 셀프 에스테틱을 시행하기 전과 후의 사진을 찍어서 비교하는데, 참가한 분들은 모두 그 빠른 효과에 깜짝 놀라곤 한답니다.


## ⋮ 바쁜 당신에게 딱 맞는 셀프 에스테틱

셀프 에스테틱이란 스스로를 아름답게 만든다는 뜻인데, 동시에 스스로를 사랑하고 돌본다는 의미도 있습니다.

일, 가사, 육아 등으로 바빠서 하루하루가 시간과의 전쟁이라고 말씀하시는 분이 적지 않습니다.

　시간적 여유가 있을 때는 비싼 돈을 들여 에스테틱이나 네일 살롱, 미용실에 정기적으로 다녔다는 분도, 일이 바빠지거나 가정을 꾸려 가족을 먼저 챙기다 보면 정작 자기 일은 뒷전이 된다는 이야기를 많이 듣곤 합니다.

　그러나 누구나 마음속으로는 '이대로 나이만 먹는 건 싫어', '바빠도 아름다움을 유지하고 싶어'라는 바람을 가지고 있지요. 물론 저 또한 그렇고요.

　혹시 여러분 중에도 '시간 내기도 어렵고, 미용 같은 건 무리야', '어차피 나 같은 사람은 안 돼', '에스테틱에 다닐 시간도 여유도 없고, 지금 시작해 봤자 늦었어'라고 체념하는 분이 있을지도 모르겠습니다. 그렇지만 셀프 에스테틱은 그런 분들에게 더더욱 추천하는 미용법이랍니다.

- 외출할 필요가 없다.

- 비용이 거의 들지 않는다.

- 갑작스러운 외출이나 이벤트 전에 바로 할 수 있다.

- 하루에 한 번 30초씩, 화장하면서, 목욕하면서, TV를 시청하면서, 지하철에
  서 자투리 시간을 이용해서 할 수 있다!

이처럼 셀프 에스테틱은 돈도 시간도 들지 않는 최고의 방법입니다.

일단 하루에 30초씩 한 달만 셀프 에스테틱을 시작해보세요. 짧은 시
간이라도 꾸준히 계속하면 나중에 큰 변화를 경험할 수 있을 거예요.

## 돈 들이지 않고 아름다움과 건강을 얻을 수 있는, 평생 가는 마법

멋진 옷과 고급 화장품, 그리고 미용성형에 의존하면서 외적인 아름다움

을 추구하는 분들이 많아요. 그렇지만 그걸로 진정한 아름다움을 얻을 수 있을까요?

사람은 저마다 자기만의 아름다움이 있지요. '셀프 에스테틱'은 스스로와 마주함으로써 자신의 매력을 이끌어냅니다. '스스로와 마주한다'는 행위는 자신의 몸뿐만 아니라 마음을 들여다보는 계기가 되기도 하지요.

세상에 콤플렉스가 전혀 없는 사람은 드물 거예요.

자기 자신과 마주하는 시간을 갖다 보면 그동안 자신의 결점이라고 여겨온 게 무엇인지 의식할 수 있게 됩니다. 그 과정에서 스스로 콤플렉스라 여겼던 것들에 대해 '뭐 크게 나쁘지도 않은 것 같은데?'라는 생각을 하게 되기도 하고요. 콤플렉스를 매력으로 바꾸는 것, 바로 거기서부터 자신의 아름다움을 가꾸는 일이 시작된답니다.

아름다움을 갖는 건 여러분이 마음먹기에 달려 있어요. 누구든 아주 조금만 노력하면 긍정의 흐름을 탈 수 있답니다.

그 열쇠가 바로 '스스로를 마주하고, 스스로를 사랑하는 것'이에요.

조금 쑥스럽고 두려울지도 모르지만, 자신의 모습을 있는 그대로 받아들이는 일부터 시작해보세요.

순간적인 아름다움은 이제 필요 없지 않나요? 진정한 아름다움은 여러분이 스스로를 사랑하는 일에서부터 탄생한답니다.

아름다움에 나이 제한은 없습니다. 인간으로서, 여자로서, 매력적으로 빛나는 삶은 누구나 언제든 실현 가능합니다.

셀프 에스테틱을 실천한 여러분이 보다 생기 넘치게, 보다 멋진 인생을 살아가기를 진심으로 바랍니다.

# 목차

서장

—

# 아름다움은
# 내 손에서 시작된다

# 출발점
# 콤플렉스와 대면하기

에스테티션으로 일하던 시절, 저는 연예인이나 모델, 가수 등 '아름다움'의 대명사로 통하는 분들의 시술을 주로 담당했습니다.

그런데 거의 모든 분들이 하나같이 '콤플렉스가 있다'는 얘기를 하시더군요. '이렇게 예쁜데, 어째서?' 하고 놀란 적이 한두 번이 아니었어요. 아무리 아름다운 사람이라도 콤플렉스는 있게 마련인가 봅니다.

그런 생각을 굳히게 된 것은 한 인기 모델을 만났을 때였어요. 잡지와 TV에서 눈부시게 활약하는 그녀는 그야말로 '미의 카리스마'. 물론 콤플렉스 따위는 전혀 없어 보였지요.

그런데 시술을 담당하게 되어 카운슬링을 진행하는 도중, 그녀가 "사실은 허벅지가 콤플렉스예요……"라고 고백하는 것이었어요. 금방이라도 부러질 것처럼 가냘픈 발목과 비교하면 허벅지에는 조금 살집이 있긴 했지만, 보통 사람들보다 많이 굵은 것도 아니었는데 말이죠. 오히려 그녀의 여성스럽고 섹시한 라인을 드러내주는 부분이었습니다. 프로의 눈으로 봐도 전혀 신경 쓰일 만한 게 아니었어요.

제 눈에는 매력적이기만 한 허벅지가 본인에게는 '단점'으로 느껴졌던 모양입니다. 일할 때 말고는 늘 허벅지를 가리는 옷을 입는다고 하더군요. 남들은 전혀 신경도 안 쓰는 부분인데, 본인에게는 큰 문제였던 것입니다.


제가 진행하는 세미나에서는 참가자끼리 짝을 지어 서로의 콤플렉스를 솔직하게 털어놓는 시간이 있습니다. 그런데 대부분의 참가자는 상대방이 콤플렉스에 대해 얘기하면 "전혀 모르겠어요. 오히려 그게 매력 아닌가요?"라고 말하곤 하지요.

'콤플렉스 때문에 자신감이 없다'

'대인관계에서도 소극적이 된다'

이렇게 말씀하시는 분들이 적지 않습니다. 그러나 이렇게 생각해보면 어떨까요?

'콤플렉스가 있으니까 도전 정신이 생긴다'


바꾸고 싶다, 바뀌고 싶다는 마음이 원동력이 되어 콤플렉스를 극복

했을 때는 엄청난 자신감과 희망을 갖게 됩니다. 그러면 내면에서도 반짝이는 아름다움이 사연스럽게 흘러나오게 되지요.

따라서 콤플렉스란 결코 부정적인 것이 아님을 알 수 있습니다. 당신의 인생을 더욱 빛나게 만들어줄 계기로 작용하는 거죠.

콤플렉스를 없애려고 노력하는 일은 '스스로를 받아들이는' 작업을 차근차근 해나가는 것이기도 합니다. 당신 안에는 언제든 빛날 수 있는 다이아몬드 원석이 있는데, 그것을 스스로 가둬버린다면 아깝지 않을까요?

# '미용성형'은
# 꿈의 마법?

'눈이 조금만 더 컸으면⋯⋯'
'이 주름만 없다면⋯⋯'


이런 고민을 손쉽게 해결하는 방법은 미용성형이겠죠.

오늘날 미용성형은 간편하고 누구나 쉽게 시도할 수 있는 아주 대중적인 미용법이 되었습니다.

사실 저도 미용성형을 한 번 받은 적이 있어요. 제 살롱을 오픈한 뒤 2년 동안 꼬박 일에 매달리다 보니 쉴 시간이 거의 없었습니다. 몸과 마음을 쉴 틈 없이 혹사하고 스스로의 아름다움과 건강에는 무신경했던 결과겠지요. 어느 날, 입가에 또렷한 팔자주름이 보이는 거예요.

팔자주름은 실제 나이보다 늙어 보이게 하기 때문에 여성들의 고민 중 세 손가락 안에 꼽히죠. 불규칙한 생활, 잘못된 스킨케어로 피부가 노화되고 처지면서 탄력이 없어지면 팔자주름이 생겨납니다.

에스테티션 중에는 고객이 아름다워지는 것에 기쁨을 느끼면서 본인의 관리는 뒷전으로 미루고 마는 사람들이 많아요. 저도 가게를 막 열었을 무렵에는 스스로에게 소홀해지고 말았습니다.

'이대로는 안 되겠어! 고객의 본보기가 되어야 할 에스테이션이 이게 무슨 꼴이야……. 빨리 무슨 수를 써야 해!'

초조해진 저는 미용성형 클리닉을 예약하고 팔자주름을 없애주는 '히알루론산 주사'를 맞기로 했어요.


주사를 놓기 전, 먼저 통증을 줄여주기 위해 마취를 하지요. 그리고 드디어 히알루론산을 주입하는 순간…….

"으악! 아파요!"

지금껏 느껴본 적 없는 엄청난 고통이 느껴졌어요. 주삿바늘을 깊이 찔러넣고 이쪽저쪽으로 움직여대니, 마취를 해도 아픈 게 당연했지요. 그렇게 고통을 견디고 시술을 끝낸 얼굴에는 내출혈로 메기수염 같은 흔적이 생겼어요. 그게 너무 보기 싫어서 편의점에서 마스크를 사서 쓰고는 고개를 푹 숙이고 집으로 돌아왔던 기억이 있습니다.

'아아, 들어가서는 안 될 세계에 들어가버렸구나…….'

그런 죄책감 비슷한 감정이 들었죠.

며칠간은 물결 모양 같은 울룩불룩한 주사 자국이 남아 있었지만, 1주일이 지나자 멍은 깨끗하게 사라지고 입가도 탱탱해져서 팔자주름은 눈에 띄지 않게 되었습니다. 그리고 그 모습에 시술 당시 느꼈던 고통과 죄책감은 까맣게 잊은 채, 거울 속의 저는 자신감에 가득 차 있었습니다.

그렇지만 그 기쁨도 잠시…….

아름다움의 효과는 3개월이 지나자 사라지고 말았지요. 고작 3개월 만에 '꿈의 마법'은 풀리고 말았습니다.


## ⋮ 생기 넘치고 윤기 나는 '아름다움' 만들기

게다가 미용성형은 결코 싼 금액이 아니었습니다.

제가 받은 히알루론산 주사 시술은 8만 엔 정도로, 시세와 비교하면 적당한 금액이었죠. 그렇지만 8만 엔의 효과는 고작 3개월 만에 사라지고 말았습니다. 고통과 스트레스만 남긴 채…….

상당한 경제력의 소유자가 아닌 이상, 이런 시술을 계속하기란 어렵습니다. 그리고 부작용에 대해서도 확인된 바가 없고요. 물론 한 번의 시술로 예뻐질 수 있으니 미용성형이라는 '아름다움의 마력'에 홀린 사람도 있겠지요. 그 몇 달간의 아름다움에 중독돼 헤어나지 못하는 것도 이해가 갑니다.

그렇지만 제 경험에 비추어보면, 외적인 고민은 해결되었지만 그것은 인위적으로 만들어진 '아름다움'일 뿐 마음속은 채워지지 않는 것 같았어요. 그 체험을 통해 '겉모습만 그럴 듯하게 꾸미는 건 결국 의미가 없다'는 사실을 다시금 깨달았죠.

그때부터 업무 환경과 일상생활을 개선하고 나 자신에게 시간을 좀 더 투자해 팔자주름을 완화시키는 셀프 마사지를 꾸준히 해주기 시작했습니다. 그리고 그렇게 거슬리던 팔자주름은 셀프 마사지만으로도 불과 며칠 사이에 전혀 눈에 띄지 않게 되었습니다.

그 후 지금까지 개발한 테크닉을 살려서 더 손쉽게 큰 효과를 볼 수 있는 마사지법을 연구하게 되었습니다. 이것이 '셀프 에스테틱'의 중요한 밑바탕이 되었죠.


저는 올해 45세인데, 이 '셀프 에스테틱'을 꾸준히 하면서 팔자주름과 피부 처짐이 거의 눈에 띄지 않게 되었답니다.

생활 스타일, 식생활, 스트레스 등, 환경과 사람에 따라서 피부 상태는 저마다 다릅니다. 엄밀히 말하자면 365일이 매일 다르겠지요. 셀프 에스테틱은 표정을 만드는 표정근을 풀어주거나 노폐물을 배출하는 림프를 순환시키는 등 미용적인 고민을 근본부터 해결하는 방법이에요.

자신의 손으로 만들어내는 '아름다움', 이에 비할 것은 없다고 저는
믿습니다.

# 첫인상은
# 표정근으로 결정된다

먼저 손바닥으로 얼굴을 만져보세요. 어떤 감촉인가요? 다음으로 안면 근육을 움직여보세요. 부드럽게 움직이나요? 경직되어 있지는 않나요?

얼굴의 근육은 표정근이라고 불리는데, 눈, 코, 입 등의 다양한 근육을 움직이고 표정을 만드는 역할을 합니다.

눈, 귀, 코, 입, 피부 등의 감각기관이 정보를 받아들이면 뇌는 정보에 따른 근육의 움직임을 생각해서 각 표정근에 명령을 내려요. 이렇게 만들어진 표정이 다시 한 번 뇌로 피드백되면 각각의 표정에 맞는 감정이 생겨나게 됩니다.

표정근의 수는 무려 30개가 넘습니다. 이들이 상호작용하면서 복잡한 표정을 만들어내지요. 표정이 풍부한 사람은 이 표정근이 단련돼 있고, 그래서 사소한 마음의 움직임도 표정에 반영할 수 있습니다.

또 표정근은 '생각'의 영향을 받기 쉽다는 특징이 있습니다. 예를 들어 부정적인 사고나 발언을 많이 하면 입꼬리가 처지고 미간에 주름이 생기기 쉬워요.

틈만 나면 남을 욕하는 사람은 표정에서도 그런 공격성이 드러나지요. 사람의 사고방식이나 마음가짐은 아무리 감추려 해도 표정에 드러나는 법이랍니다.

기쁠 때에는 자연스럽게 웃는 얼굴이 되고, 슬플 때에는 자연스럽게 눈물이 나오게 마련입니다. 화가 나면 눈매가 올라가고, 공포를 느끼면 얼굴이 굳어지죠. 이처럼 '감정'과 얼굴의 '표정근'은 무척 밀접한 관계가 있습니다.

즐겁거나 기쁜 감정을 표현하고 싶어도 눈에 힘이 없고 입꼬리가 처져 있으면 상대방에게 전달되지 않겠죠. 또 눈썹 위에 있는 추미근이 처져 있으면 왠지 믿음직스럽지 못한 인상을 줍니다.

요즘에는 컴퓨터나 스마트폰이 일상화되면서 사람과 직접 대면해 대화를 나눌 기회가 줄었죠. 그래서 의식적으로 표정근을 단련하지 않으면 근육이 딱딱하게 굳어버려서 막상 웃는 표정을 짓고 싶을 때 얼굴의 근육이 움직이지 않게 됩니다.

"저는 웃고 있다고 생각하는데 사진을 찍으면 전혀 웃는 얼굴이 아니라서 사진 찍기가 싫어졌어요."

"어떻게 웃어야 되는지 모르겠어요."

이런 고민을 털어놓는 사람이 많답니다. 이것도 다 표정근이 굳어 있기 때문이에요. 요즘에는 SNS 등에 사진을 공개할 일이 많아서 이런 고민을 하는 사람도 더욱 많아졌습니다.

표정근을 풀어서 자연스러운 표정을 지을 수 있게 되면 언제든 멋진 미소를 보여줄 수 있고 첫인상도 좋아질 겁니다.

# 안면 근육은 물론
## 마음까지 풀어주자

'셀프 에스테틱'의 큰 장점은 안면 근육을 통해 현재 자신의 마음 상태를 알 수 있다는 거예요. 일상적인 '환경'이 사람의 몸에 그대로 반영되듯, 얼굴도 그 사람의 마음을 비춰주는 거울이랍니다.

비만의 전조가 보이면 식생활을 점검할 필요가 있는 것처럼, 안면 근육의 굳어진 정도에 따라 현재 심리 상태가 어떤지 손쉽게 파악할 수 있는 것이죠.

28쪽을 보면 표정근의 위치를 그림으로 확인할 수 있습니다. 예를 들면 관자놀이에 있는 '측두근'이라는 근육은 '분노, 짜증'을 드러내는 곳으로 실제로 '분노, 짜증'을 느끼면 근육이 경직됩니다. 만화에서 화가 난 인물의 관자놀이에 분노 마크가 그려져 있는 걸 본 적 있으시죠?

# 안면 근육 살펴보기

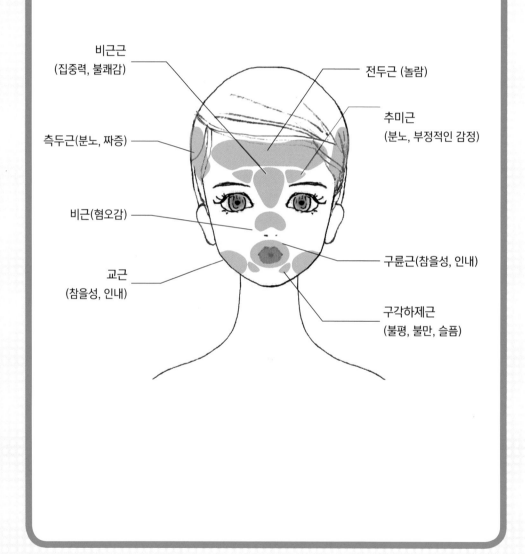

비근근
(집중력, 불쾌감)

전두근 (놀람)

추미근
(분노, 부정적인 감정)

측두근(분노, 짜증)

비근(혐오감)

구륜근(참을성, 인내)

교근
(참을성, 인내)

구각하제근
(불평, 불만, 슬픔)

'참을성'이나 '인내'는 어금니를 꽉 깨물 때 사용하는 '교근'이라는 근육으로 드러납니다. 그 밖에도 입 주변 근육에는 불평, 불만이, 턱 주변은 슬픔이 드러나는 부분이에요.

셀프 에스테틱에서는 근육의 상태를 살펴봄으로써 '약간 짜증이 난 것 같으니까 느긋하게 목욕하면서 스트레스나 풀자', 또는 '저 사람 말에 마음이 상했어. 지금 같은 관계는 지속할 수 없겠는걸'처럼 표면화할 수 없었던 감정을 드러내 해결할 수도 있습니다.

표정근을 풀어주면서 마음속 응어리를 깨끗하게 해소시키면 밝은 표정을 지을 수 있을 거예요.

# 30일 승부!
## 셀프 에스테틱에 도전

시간이 넉넉하지 않은 분이라도 목욕이나 화장을 하면서 하루 30초 정도는 자신을 돌보는 짬은 낼 수 있겠지요. 우선은 30일 동안만 지금부터 소개할 셀프 에스테틱에 도전해보세요. 생리 중에는 몸이 잘 붓기 때문에 변화를 느끼기 어려울 수도 있어요. 하지만 결과가 바로 나타나지 않는다고 대충 하거나 포기하지 말고, 꾸준히 시도해보세요.

셀프 에스테틱에 처음 도전하는 분이라면 갑자기 마사지를 하면 피부에 통증이 느껴질 수도 있습니다. 그러므로 10초 정도 손바닥으로 얼굴을 감싸서 손의 열기를 전달한 후 마사지를 하면 좋아요. 예를 들어 관자놀이가 아프다면 손으로 감싸고 있기만 해도 많이 좋아집니다.

매일 계속하는 사이에 다음과 같은 변화가 나타날 거예요.

## 피부가 팽팽해진 느낌이 든다

지금까지 움직이지 않았던 표정근이 자극을 받으면 페이스 라인이 탄탄해지고 피부가 팽팽해진 느낌이 듭니다. 팔자주름과 눈 윗부분의 변화는 이 시기부터 확연하게 나타날 거예요.

셀프 에스테틱을 하고 나면 가벼운 근육통이 느껴지기도 하고, 너무 강하게 마사지했다면 몸살이 날 수도 있습니다. 지금까지 사용하지 않았던 근육을 움직이기 시작했다는 증거이니 너무 걱정할 필요는 없지만, 마사지는 어디까지나 '시원할' 정도로만 힘을 조절해줍니다. 피부가 빨갛게 될 정도라면 힘이 너무 강하게 들어간 겁니다.

그런가 하면 마사지 중 바로 통증을 느끼는 사람과 조금 시간이 지난 뒤 증상이 나타나는 사람 등, 근육통의 증상은 개인차가 있습니다. 근육통이 심한 경우에는 마사지를 쉬어도 괜찮습니다. 중요한 것은 자신의 피부를 만져보면서 현재 상태를 확인하는 것이니까요.

## 칙칙한 피부 톤과 부기가 개선된다

얼굴의 부기가 빠져서 날렵해 보이고, 칙칙한 피부가 개선되면서 안색이 밝아지는 시기입니다. 몸무게는 그대로인데 주위에서 살 빠졌냐는 말을 듣게 되기도 하죠. 칙칙한 피부가 밝아지는 것은 지금까지 원활하게 순환되지 못했던 림프가 순환되고 있기 때문이에요. 몸속 노폐물이 배출되면서 피부 본연의 생기 있는 빛이 되살아나는 것이죠.

드물게 호전반응으로 칙칙한 피부가 부각되는 사람이 있는데, 그것은 쌓여 있던 노폐물이 움직이기 시작한 증거입니다. 조금 시간이 지나면 칙칙함은 사라집니다.

피부 톤이 밝아지면 화장법도 바뀌겠죠. 파운데이션을 조금 더 밝은 색으로 바꾸거나, 다크 서클이 사라지면서 컨실러가 필요 없게 되거나, 아이라인이나 아이섀도도 필요 이상으로 진한 색을 고르지 않게 될 거예요. 이마 주름과 눈 밑의 다크 서클, 이중턱은 이 정도의 시기부터 개선되는 것을 느낄 수 있답니다.

3단계
### 자신감이 생기고 표정에서 빛이 난다

이 시기의 여러분은 스스로도 느낄 수 있을 만큼 표정이 밝아질 거예요. 이는 몸의 변화뿐만 아니라 '나도 이렇게 바뀔 수 있다니!'라는 성취감 때문이기도 하죠.

30일간 감정에 관여하는 근육을 마사지하면서, 부정적인 감정을 조절할 수 있게 되고 행복 호르몬이 많이 분비되었을 거예요.

이제, 셀프 에스테틱을 시작하기 전 예뻐지기를 포기했던 자신이 어떻게 보입니까? 못 알아볼 정도로 분위기가 바뀌지 않았나요?

자, 그러면 다음 장에서부터는 셀프 에스테틱에 직접 도전해봐요!

1장

—

# 셀프 에스테틱의
# 마법

# 셀프 에스테틱을
# 시작해볼까요!

셀프 에스테틱을 시작하기 전에 다음 사항을 기억해두세요.

① 액세서리, 시계 등은 벗어둡니다.

② 손을 깨끗이 씻고, 얼굴이나 피부와 비슷한 온도로 따뜻하게 만들어둡니다.

③ 부드럽게 마사지할 수 있도록 오일을 사용합니다.

④ 너무 강하거나 통증이 느껴질 정도까지 마사지하지 않습니다.

⑤ 피부를 강하게 문지르지 않습니다(피부 마찰이 많을 경우 오일을 듬뿍 사용합니다).

⑥ 근육이 뭉친 부분은 단계적으로 천천히 진행합니다.

⑦ 피부 트러블이 있는 부분은 피합니다.

## ⋮ 오일의 종류와 효과적인 사용법

오일은 호호바 오일을 추천합니다. 그 밖에도 항산화 작용이 뛰어난 아르간 오일이나 가벼운 텍스처의 포도씨 오일, 살구씨 오일, 로즈힙 오일, 스위트아몬드 오일도 좋아요.

　물기 없는 깨끗한 손에 오일을 펴 바른 뒤, 처짐이나 부기가 특히 신경 쓰이는 부분에 가볍게 발라주세요. 목이나 전신을 마사지할 때는 전체적으로 꼼꼼하게 바르는데, 얼굴 셀프 에스테틱에서는 마사지하는 부분에만 발라도 괜찮습니다. 또한 마사지 오일은 피부의 균형을 잡아주고 건조한 피부를 촉촉하게 하는 효과도 있어요. 수분이 달아나지 않도록 보호막을 입힌다는 느낌으로 스킨케어 과정에 추가하는 것도 좋겠지요. 목욕한 뒤 피부가 부드럽고 따뜻한 상태에서 발라주면 효과가 더 좋습니다. 단 클렌징 오일이나 클렌징 폼 등은 절대 금물!

　다음은 셀프 에스테틱에서 자주 사용하는 손 모양과 오일의 사용량을 일러스트를 곁들여 정리해보았습니다. 셀프 에스테틱의 기본이니 기억해두세요!

**가위 모양**

검지와 중지를 세운 뒤 두 번째 마디에서 구부린다.
구부린 두 손가락 사이를 이용하여 림프를 순환시킨다.

**보자기 모양**

검지에서 새끼손가락까지 반듯하게 세워서 손바닥,
손가락 안쪽, 수근*을 이용하여 노폐물을 배출시킨다.

*수근 : 손바닥과 손목 사이의 도드라진 부분

**갈고리 모양**

주로 검지를 이용한다. 검지를 구부려 팔자주름 등
좁은 부위를 풀어줄 때 사용하고, 넓은 부위에는
검지와 중지를 같이 구부려 갈고리 모양을 만들어준다.

## 미인을 만드는 두 가지 중요한 스폿

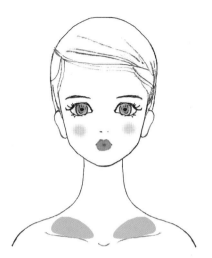

**쇄골 스폿**

쇄골의 삼각형으로 움푹 파인 부분. 이곳을
마사지하기만 해도 림프의 흐름이 좋아진다.

**귀밑샘 스폿**

귀밑샘은 침을 분비하여 입 안을 마르
지 않게 해주고 음식물을 부드럽게 넘
길 수 있게 하는 중요한 부위. 양쪽 귀
아래에 위치한다. 셀프 에스테틱에서는
림프와 함께 이 귀밑샘도 풀어준다.

## 오일 사용량

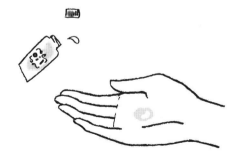

피부에 부담을 줄이기 위해 오일이나
크림을 사용한다. 추천하는 오일은 호
호바 오일. 10원짜리 동전 크기만큼 덜
어서 사용하고, 뻑뻑해지면 조금씩 양
을 더한다.

# 두피가 처지면
## 얼굴도 처진다

에스테티션으로 일하던 시절, 리프트 업 페이셜 마사지를 할 때 특히 중요하게 생각한 과정은 헤드 마사지였습니다.

페이셜 마사지라고 해서 얼굴만 정성스럽게 마사지하는 사람이 있는데, 두피가 굳어진 상태라면 아무리 정성껏 얼굴을 마사지해도 효과가 크지 않습니다. 얼굴과 두피는 같은 피부로 이어져 있기 때문에, 헤드 마사지를 매일 꾸준히 하기만 해도 혈액순환이 좋아지고 노폐물이 쌓이지 않게 된답니다. 그 결과 얼굴의 주름이나 처짐이 크게 개선될 수 있어요.

머리 부분의 셀프 에스테틱에, 지금부터 소개할 '고민별 셀프 에스테틱'을 추가로 병행한다면 극적인 효과를 볼 수 있습니다.

머리는 43쪽의 그림과 같이 전두부, 측두부, 두정부, 후두부의 4가지 부위로 나눌 수 있는데, 사고방식이나 심리 상태에 따라 각각 뭉치는 부위가 다르다고 알려져 있습니다.

전두부 근육은 눈썹을 올리거나 이마를 끌어올리는 역할을 합니다. 이 근육이 뭉치면 이마 옆주름이나 눈꺼풀 처짐의 원인이 되지요. 또 걱정이나 생각이 많은 사람은 전두부가 뭉쳐 있는 경우가 많습니다.

두정부는 머리 전체의 근육을 끌어올리는 역할을 합니다. 두정부가 뭉쳐 탄력이 없어지면 두피 전체가 처지고 나아가 얼굴 전체가 처지게 되지요. 논리적인 사고방식을 가진 사람은 이 부분이 뭉치기 쉽다고 합니다.

측두부는 안티에이징과 가장 깊은 관련이 있는 부분입니다. 스트레스가 많고 짜증이 나면 측두부가 굳어지죠. 이 부분이 뭉치면 팔자주름이 생기거나 페이스 라인이 처지게 됩니다.

후두부는 목 뒤, 등 근육과 이어져 있는 근육입니다. 긴장하거나 스트레스를 많이 받으면 이 부위가 굳어지는데, 이것이 목이나 어깨 결림으로 이어져서 혈액순환이 나빠지고 붓게 되는 것이죠.


매일 샴푸나 트리트먼트를 할 때, 지금부터 소개할 두피 마사지를 의식적으로 시도해보세요. 365일 헤드 마사지를 하는 셈이니, 처음에는 딱딱했던 두피도 점차 부드러워질 거예요.

셀프 에스테틱에서 무엇보다 중요한 것은 '기분 좋다'는 감각을 느끼는 것입니다. 긴장을 풀고 기분 좋게 휴식하면서 힐링 효과도 얻을 수 있답니다.

아주 조금만 신경을 써도 여러분의 아름다움은 점점 빛을 발하게 될 거예요.

# 부드러운 두피는 아름다움으로 가는 지름길

**전두부**

걱정거리나 생각이 많은 사람은 전두부가 굳어지기 쉽다. 이 부분이 뭉치면 이마 옆주름이나 눈꺼풀 처짐의 원인이 된다.

**두정부**

논리적인 사람은 두정부가 굳어지기 쉽다. 이 부분이 뭉치면 얼굴 전체가 처지기 쉽다.

**측두부**

스트레스가 많고 짜증을 내면 측두부가 굳어진다. 이 부분이 뭉치면 페이스라인이 처지고 팔자주름이 생긴다.

**후두부**

긴장과 스트레스를 느끼거나 눈을 혹사시키면 후두부가 굳어지기 쉽다. 또 목과 어깨의 결림으로 이어지는 근육이므로 이곳을 풀어주면 결림 증상이 완화된다.

# 1 리프트 업 헤드 마사지

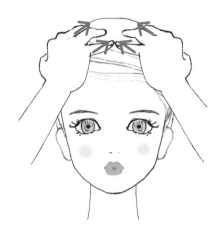

## STEP1

**전두부**

다섯 손가락 끝으로 이마의 머리카락이 나
는 부분에서부터 두정부를 향해 힘주어 문
지른다.

(5회)

## STEP2

**측두부**

다섯 손가락 끝으로 관자놀이 부근에서부
터 두정부를 향해 힘주어 문지른다.

(5회)

## STEP3

### 두정부

두정부에서 두 손을 깍지 끼고 엄지의 측면을 이용해 밖에서 안쪽으로 밀어주며 자극한다.

(5회)

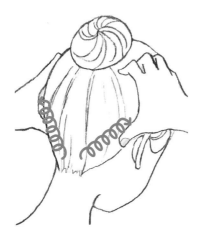

## STEP4

### 후두부

후두부 뼈 아래쪽에 엄지를 대고 중심에서 바깥으로, 아래에서 위로 나선을 그리며 풀어준다

(3회)

**CHECK!**

두피와 얼굴은 같은 피부로 연결돼 있습니다.
두피가 1밀리미터 처지면 얼굴은 1센티미터 처진다는 말이 있을 정도!
피부 처짐이 걱정이라면 우선은 헤드 마사지부터 시작해보세요.

# 피부 트러블과 칙칙함을 개선하는 '미인 스폿'

우리 몸속에는 혈관과 마찬가지로 림프관이 퍼져 있습니다.

림프는 바이러스 등으로부터 몸을 지키기 위한 '면역' 기능과 몸 안에 쌓이는 여분의 수분과 노폐물을 몸 밖으로 '배출'하는 기능을 합니다.

미용에 큰 영향을 미치는 림프샘은 귀 밑에 위치한 '이하선 림프샘'이에요. 또 상반신과 하반신에는 각각 림프샘이 모여 있는 중계 스폿이 있지요.

특히 쇄골의 움푹 팬 부분에 있는 '쇄골 림프샘'은 온몸의 혈액을 심장으로 돌려보내는 혈관인 정맥과 림프관이 만나는 곳으로, 이 부분의 림프를 순환시키면 온몸에 퍼져 있는 림프의 흐름이 좋아지므로 건강과 미용에서 무척 중요한 부분이에요.

불필요한 노폐물을 회수한 림프는 정맥으로 흘러들어가 신장과 간으로 이동하고, 그곳에서 걸러져 소변이나 땀으로 배출됩니다.

이하선 림프샘과 쇄골 림프샘이 굳어 팽팽하게 부어 있으면 피부가 붓거나 칙칙해지고 뾰루지가 나는 등 피부 트러블이 발생하는 것은 물론, 전신의 권태감을 느끼게 되지요. 또 노폐물이 배출되지 않아서 잘 붓는 체질이 되기도 합니다. 그뿐만 아니라 어깨나 목의 결림, 나아가서는 두통 등의 증상까지 유발할 수 있어요.

따라서 굳어진 이하선과 쇄골 주변을 부드럽게 풀어주기만 해도 여러 증상이 개선된답니다.

이 두 림프샘은 미용과 건강에 직결된 자리라서, 저는 '비밀의 미인 스폿'이라고 불러요. 특히 노폐물이 쌓이기 쉬운 부위는 오돌토돌하게 뭉친 노폐물을 손끝으로 느낄 수 있는데, 셀프 에스테틱에서는 이 노폐물이 배출되도록 부드럽게 풀어줍니다.

림프가 흐르는 림프관은 무척 섬세하니 너무 힘주지 말고 부드럽게 문질러주세요. 림프의 흐름이 좋아지면 그 뒤에 병행하는 셀프 에스테틱의 효과도 엄청나게 달라진답니다.

## ② 아기 피부 만들기

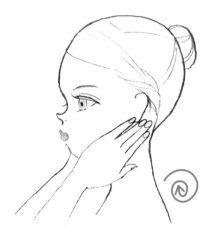

### STEP1

미인 스폿 두 곳을 풀어준다. 먼저 손을 보자기 모양으로 만들어서 귀 아래쪽의 이하선 림프샘 주위에 엄지 외의 네 손가락을 밀착시킨다. 나선을 그리며 데워주듯 자극한다.

(좌우 8회)

### STEP2

다음으로 또 다른 미인 스폿, 쇄골을 풀어준다. 세 손가락으로 좌우 쇄골의 움푹 파인 부분을 안쪽에서 바깥쪽으로 나선을 그리며 부드러워질 때까지 풀어준다.

## STEP3

귀를 검지와 중지 사이에 끼우고 위아래로
문지르듯 풀어준다.

(좌우 8회)

## STEP4

손을 보자기 모양으로 만들어서 귀 아래에
밀착시키고 쇄골까지 위에서 아래로 쓸어
내리며 림프를 순환시킨다.

(좌우 5회)

**CHECK!** 얼굴 주위에는 미용의 핵심인 림프샘이 아주 많답니다. 이 셀프 에스테틱을 습관화하면 피부 트러블과 칙칙한 피부톤이 개선돼 아기처럼 뽀얀 피부로 거듭날 거예요!

# 한눈에 반하다!
## 아름다운 옆얼굴
## 미인이 되는 법

거울에 비친 모습을 보고 축 처진 옆얼굴에 질겁했던 경험이 있던 분들, 적지 않을 거예요. 정면에서 바라보면 깨닫기 어렵지만, 나이가 들면서 근육은 퇴화하고 노폐물도 쌓이게 되죠. 이 턱 밑의 노폐물을 그대로 두면 이윽고 지방으로 바뀌면서 되돌릴 수 없는 이중턱이 생기고 맙니다.

그렇다면 지금 여러분의 피부 처짐 상태는 어떤지, 얼굴을 체크해볼게요.

**턱의 처짐 체크!**

① 손거울을 머리 위로 들고 바로 아래에서 거울을 올려다본다.

② 손거울을 배 근처로 가져가서 바로 위에서 거울을 내려다본다.

①의 올려다보는 얼굴은 5년 전, ②의 내려다보는 얼굴은 5년 후 당신의 모습입니다.

5년 후 자신의 모습에 깜짝 놀란 당신!

그 처진 살을 지금 해결해볼까요.

## ③ 턱 밑 살 없애기

### STEP1

페이스 라인의 뼈를 가위 모양 손 사이에 끼워서 이하선까지 끌어올린다.
(좌우 5회)
※ 오른쪽 얼굴을 할 때는 왼손으로 하면 편하다.

### STEP2

페이스 라인의 뼈 아래쪽을 양 엄지로 번갈아가며 턱 끝에서부터 이하선까지 문지른다.
(좌우 3회)

**CHECK!**
이하선 림프의 흐름이 막히면 노폐물이 쌓여서 턱살이 처지게 돼요! 48쪽의 '아기 피부 만들기'도 함께 해주면 더 효과적입니다.

# 슬림한 페이스 라인
## 꿈꾸던 작은 얼굴로

아름다운 여성의 필수 조건이라고 해도 과언이 아닌 '작은 얼굴'.

얼굴이 작으면 말라보이고 반대로 얼굴이 크면 원래보다도 뚱뚱해 보이죠. 얼굴은 사람의 인상을 결정하는 중요한 부분이라고 할 수 있습 니다. 얼굴이 커 보이는 원인 중 하나는 바로 '부기'인데요, 부기는 얼굴 근처의 림프 순환이 나빠지면서 노폐물과 수분이 쌓인 상태를 가리키죠. 따라서 얼굴 주위의 노폐물을 배출시키면 부기를 해소할 수 있습니다. 그 밖에도 잠을 너무 오래 잔다거나 반대로 잠이 부족한 경우, 수분 및 염분, 알코올의 지나친 섭취도 부기의 원인이에요.

부기 해소에는 얼굴 주위의 림프 마사지가 가장 효과적이지요. 아침 에 세안 후 로션이나 크림을 바를 때, 마사지를 하면서 부기를 빼보세요.

출근 준비에 여유가 있는 때라면, 호호바 오일 등으로 마사지를 한 뒤 스팀 타월을 올려주는 방법을 추천합니다. 피부에 빛이 나고 화장도 훨씬 잘 받는답니다.

## 4 날렵한 페이스 라인 만들기

### STEP1

갈고리 모양 손으로 페이스 라인의 뼈 위쪽을 따라 턱 끝에서부터 귀밑까지 안쪽에서 바깥쪽으로 나선을 그리며 풀어준다.
(좌우 3회)

### STEP2

페이스 라인을 가위 모양 손 사이에 끼워서 턱 끝에서부터 귀밑까지 쓸어준다.
(좌우 3회)

얼굴의 크기를 좌우하는 것이 페이스 라인이에요. 페이스 라인이 슬림해지면 작은 얼굴도 더 이상 꿈이 아니랍니다!

# 하관의 부기를 빼고
## 부드러운 윤곽으로

하관이 붓는 원인으로는 골격 외에도 이를 꽉 깨무는 습관이나 스트레스를 들 수 있습니다.

이를 꽉 깨물 때 단단해지는 어금니 주변 근육을 '교근'이라고 하는데, 정신적으로 스트레스가 많으면 이 근육이 굳어집니다. 이 굳어진 상태를 방치하면 근육은 점점 경직돼 돌출되어 보일 수 있어요.

이 근육을 풀어주면 하관의 부기는 해소됩니다. 우선 손을 가위 모양으로 만들고 손가락의 두 번째 마디를 이용해 교근 주위를 부드럽게 풀어주세요.

처음에는 조금 아플 수도 있지만, 꾸준히 계속하다 보면 근육이 유연해집니다. 부드러워지면서 하관의 부기도 점차 빠지게 될 거예요.

## 5 하관의 부기 빼기

### STEP1

교근을 가위 모양 손으로 나선을 그리며 풀어준다.
(좌우 10회)

### STEP2

검지, 중지, 약지 끝을 위아래로 움직이면서 하관 부분을 꼼꼼하게 풀어준다.
(좌우 10회)

셀프 에스테틱을 통해 자신의 심리 상태를 깨닫게 될 수도 있습니다. 교근은 '참을성'의 근육. 혹시 지금 무언가를 참고 있는 건 아닌가요?

# 팔자주름을 지워주는
## 마법의 테크닉

나이 들어 보이는 인상을 주는 주름은 어디일까요? 주름은 여러 종류가 있지만, 그중에서도 노안의 특징 중 첫 번째로 일컬어지는 것이 팔자주름입니다.

만화에도 입가에 팔자주름을 그려 넣어 나이를 표현하는 작법이 있죠. 그만큼 팔자주름은 나이를 들어 보이게 합니다. 실제 설문 조사 결과, 겉모습으로 누군가의 나이를 판단할 때 "팔자주름으로 판단한다"고 대답한 사람이 41퍼센트나 된다고 합니다.

또한 팔자주름은 없애기 어려운 만큼, 제가 진행하는 세미나에서도 팔자주름에 대해 질문하는 분들이 무척 많습니다. 그렇지만 꾸준히 셀프 에스테틱을 하면 미용의 적인 팔자주름을 옅고 짧게 만들어서 젊어 보이는 인상으로 바꿀 수 있어요! 당연히 나이도 훨씬 어려 보인답니다.

팔자주름이 생기는 원인은 다음 네 가지를 들 수 있습니다.

- 표정근의 쇠퇴
- 스마트폰이나 컴퓨터 사용으로 얼굴을 아래쪽으로 오랫동안 향하는 자세
- 나이가 들면서 피부에 좋은 성분인 엘라스틴과 콜라겐 감소
- 건조(진피에 영양이 도달하지 못함)

팔자주름을 만드는 근육으로는 구륜근, 볼 주위 근육, 측두근 등이 있습니다(28쪽 참조).

이 중에서도 특히 측두근은 얼굴 전체의 피부를 지탱해주는 역할을 하므로 이 부분이 쇠퇴하면 얼굴 전체가 처지고, 이때 처진 볼 피부가 입가에 팔자주름을 만들게 되는 것이죠.

안타깝게도 고가의 크림을 아무리 많이 바른다 해도 팔자주름은 잘 없어지지 않습니다. 또한 미용성형을 해도 영원히 그 상태가 유지되지는 않지요.

셀프 에스테틱은 이 처짐의 원인이 되는 근육을 활성화시켜줍니다. 지속적으로 마사지를 해주면 장기적으로 근육이 강화되고 피부 처짐과 팔자주름도 예방할 수 있지요.

팔자주름을 완화시키는 셀프 에스테틱을 시작하기 전에, 시간적인 여

유가 있다면 선행해두면 좋은 것이 있습니다. 바로 측두근 마사지예요.

측두부를 가위 모양 손의 첫 번째 마디를 이용해서 나선을 그리며 풀어줍니다(좌우 8회).

그리고 다음에 소개할 셀프 에스테틱을 이어서 해주면 아주 효과적이에요. 빠르면 3분 만에 변화가 나타난답니다.

자, 입 주위와 볼의 처짐을 해소해서 동안으로 거듭나보세요!

## 6 팔자주름 없애기

### STEP1

검지 끝을 이용해서 팔자주름을 따라 아래에서 위로 나선을 그리며 풀어준다.
(좌우 5회)
(이때 반대쪽 손은 턱 밑에 대고 피부를 아래쪽으로 당기듯이 펴준다)

### 손톱이 긴 경우

손톱이 길다면 손가락을 접어서 마사지한다.
(좌우 5회)
(이때 반대쪽 손은 귀 옆에 대고 지탱하면서 피부를 아래쪽으로 당기듯이 펴준다)

CHECK! 노안의 특징이라고도 하는 팔자주름.
이 주름을 개선하기만 해도 다섯 살은 더 어려 보인답니다! 다음에 소개하는 STEP2의 마사지는 꼼꼼하고 조심스럽게 진행하세요.

중지와 약지 손끝을 콧방울 옆, 팔자주름의 곡선에 가져다 대고 아래에서 위로 작게 흔들어준다.
(좌우 8회)
※ 오른쪽 얼굴을 진행할 때는 왼손으로 하면 편하다.

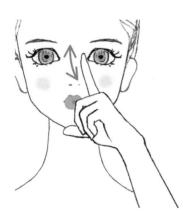

STEP3

검지의 측면을 코 옆에 대고 위아래로 흔들어준다.
(좌우 위아래로 8회)

CHECK! 이동 중에도 마스크 아래로 슬며시 팔자주름을 케어할 수 있어요♪
잇몸 위쪽을 혀로 쓱 훑어보세요. 왼쪽으로, 오른쪽으로 각각 하루 30회를 목표로 해봐요.

## 7 늘어진 볼 끌어올리기

### STEP1

엄지와 검지를 L자로 만들어서 검지의 측면을 팔자주름에 가져다 댄다. 그대로 대각선 위쪽으로 끌어올리면서 귀 옆까지 문지른다.

(볼 전체를 좌우 2회)

※크림이나 오일을 듬뿍 사용해서 피부 마찰에 주의하면서 마사지한다.

### STEP2

광대뼈에서 턱 끝까지 볼 전체를 검지 측면으로 위에서 아래로 2회, 문지르듯 풀어준다.

(좌우 3회)

### STEP3

광대뼈의 앞쪽에 엄지를 대고 위쪽으로 누르며 지압한다.

(좌우 3회)

# 눈 밑 처짐 해결!
## 눈매 미인이 되자

'눈 밑 처짐이 고민이에요', '반달 모양의 깊은 주름이 신경 쓰여요'.

　세미나에서 진행하는 미용 상담에서도 눈 밑의 처짐은 피부 고민 중에서 단연 1위입니다.

　눈 밑이 처지면 실제 나이보다 늙어 보이고 피곤한 인상을 주며, 생기 넘치고 매력적인 눈매를 만들기 힘들어져요. 전체적으로 표정이 어두워 상대방에게 좋지 않은 인상을 줄 수도 있지요. 그러므로 눈 밑 처짐을 개선하면 전체적으로 생기 넘치는 인상이 돼 실제 나이보다 훨씬 젊어 보입니다.

　'눈 밑 처짐'이 생기는 가장 큰 원인은 '노화로 인한 근육의 쇠퇴'라고 알려져 있습니다. 특히 눈 주위 피부는 무척 얇아서 각질층이 약 0.02밀리미터 정도밖에 되지 않아요. 그래서 처짐이 특히 눈에 띄는 곳이기도 하지요.

눈 주위에는 '안륜근'이라는 근육이 눈 주위를 한 바퀴 빙 둘러싸고 있습니다. 나이가 들면서 이 '안륜근'이 쇠퇴하면, 눈 주위 지방을 지탱할 수 없게 되면서 지방이 늘어지기 시작해요. 이 늘어진 지방이 그늘을 드리우면서 눈가의 인상이 어두워지는 것이죠.

매일 컴퓨터와 스마트폰 화면을 오래 보는 분은 특히 주의가 필요합니다. 눈을 계속 혹사시키면 안정피로眼精疲勞(눈이 느끼는 불편한 증세. 안통·두통·앞이마의 압박감 및 시력장애 등 쉽게 피로하여 눈을 연속적으로 사용할 수 없게 된 상태를 말한다 – 편집자)를 일으켜서 '처짐'이 나타나는 경우도 있어요.

그리고 또 하나, 눈가에는 피지를 분비하는 피지선이 없답니다. 따라서 쉽게 건조해지고 수분을 유지하는 능력이 약하지요. '잔주름'이나 눈꼬리의 '까치발 주름'이 생기는 것도 그 때문입니다.

또 평소에 아이 메이크업을 클렌징할 때 눈 밑 피부가 자극받아 건조와 처짐을 유발하기도 합니다. 그러니 눈가를 클렌징할 때에는 특히 부드럽고 꼼꼼하게 해야겠죠?

그러면 신경 쓰이는 '눈 밑 처짐'을 해소하는 방법을 소개하겠습니다.

## ⑧ 눈 밑 처짐 해결하기

**STEP1**

얼굴은 정면을 보고 시선은 위로 향한다. 눈부신 것을 올려다보는 것처럼 눈을 가늘게 뜬 다. 아래 눈꺼풀의 근육을 위로 끌어올리듯 움직이는 것이 요령(아래 눈꺼풀이 덜덜 떨릴 정 도로 해준다).

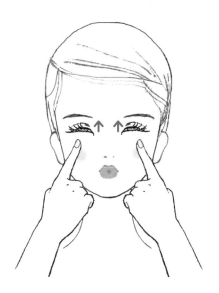

## STEP2

이어서 아래 눈꺼풀을 위 눈꺼풀 쪽으로 끌어올려서 눈이 감기기 직전에 멈춘다(이 동작이 어렵다면 검지를 이용해서 서포트한다).

## STEP3

아래 눈꺼풀을 끌어올린 상태로 5초간 유지. STEP1~3을 20회 반복한다.
주름이 신경 쓰이는 경우에는 30회 반복하도록 한다.

 눈 밑 처짐은 근육을 단련하지 않으면 에스테틱 기술을 총동원
해도 해결할 수 없습니다!
스트레칭을 하며 확실히 없애봐요!

# 처진 눈꺼풀을
## 시원스러운 눈매로

눈꺼풀이 처지면 '왠지 졸려 보인다', '의욕이 없어 보인다'는 인상을 줄 뿐만 아니라 늙어 보이기까지 하죠.

눈꺼풀 피부는 무척 얇아서 쉽게 건조해지고 주름과 처짐이 생기기 쉬운 부분입니다. 또 나이가 들면서 눈꺼풀 근육과 지방이 무게를 견디지 못하고 아래쪽으로 쏠리는 것도 처짐의 원인이에요.

이를 해결하기 위해서는 눈 주변의 근육, 특히 추미근을 단련해야 합니다.

다음에 소개할 셀프 에스테틱은, 많은 분들이 직접 시도해보니 눈이 전보다 크게 떠지고 시야가 넓어졌다는 말씀을 해주신 부분입니다.

위쪽 눈꺼풀이 처지면서 눈 뜨기가 힘들고 시야 확보가 어려워 안검

하수 수술을 고민하던 K씨는 이 마사지를 꾸준히 하면서 눈꺼풀 처짐이 놀랄 정도로 개선되었다는 기쁜 소식을 알려주셨지요.

또 하나, 눈 주위의 안륜근을 단련하는 것도 효과적이에요. 앞서 소개한 '눈 밑 처짐을 해결'하는 셀프 에스테틱도 효과적이지만, 또 하나 간단히 할 수 있는 것이 '빠르게 눈 깜박이기'입니다.

눈을 최대한 빠르게 깜박깜박 움직임으로써 안륜근 등 눈 주위 근육을 단련하고 처짐을 예방할 수 있어요. 동시에 혈액과 림프의 순환도 촉진해서 여분의 지방과 수분이 잘 배출되는 효과도 있답니다. 눈의 처짐이 신경 쓰이는 분은 하루에 두 차례, 30회씩 꼭 시도해보세요.

이때 주의해야 할 점은 이마에 주름이 생기지 않게 하는 것!

'이마가 움직여버린다'는 분은 안타깝지만 안륜근이 쇠퇴했다는 증거예요.

무리하지 말고 천천히, 눈만 움직이도록 해보세요!

## 9 시원한 눈매 만들기

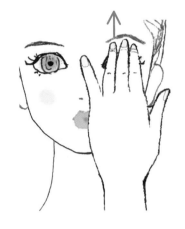

### STEP1

눈썹 아래에 검지, 중지, 약지 세 손가락을
모아서 위쪽 방향으로 눈꺼풀을 끌어올린
다(눈을 크게 뜬 상태). 그 상태에서 좌우로
살살 움직인다.

(좌우 10회)

### STEP2

눈썹 위의 볼록한 부분(추미근)을 검지와 엄
지로 살짝 집어서 대각선 위로 비틀어 올린
다. 눈썹 머리에서 꼬리까지 진행한다.

(좌우 3회)

수많은 셀프 에스테틱 중에서 특히 빠른 효과를 보이는 기술 중
하나입니다.
눈가는 특히 처지기 쉬운 부분이니 습관적으로 케어해보세요.

# 깊은 주름은 포기해야 할까?

피부 노화가 진행되면 입가에 '마리오네트 주름'이나 '인디언 주름' 등이 생기기 쉽고, 그 때문에 나이가 들어 보이죠.

마리오네트 주름이란 팔자주름과는 다르게 입 옆에 생기는 세로 주름을 말하는데, 꼭두각시 인형의 입 모양과 닮았다고 해서 붙여진 이름이에요.

인디언 주름이란 눈머리 바로 아래 부분부터 대각선으로 볼을 가로지르는 주름으로, 과거 인디언들의 페이스 페인팅과 비슷하다고 해서 붙여진 이름입니다.

이 주름들은 일시적인 주름과는 달리 깊게 파여 있어요. 그만큼 오랜 시간에 걸쳐 만들어진 것이지만 결코 포기할 필요는 없죠. 깊은 주름에 붙어 있는 근육을 셀프 에스테틱으로 마사지하면 해결할 수 있답니다.

일시적인 주름보다는 시간이 더 필요하지만, 셀프 에스테틱을 꾸준히 하면 개선되는 것이 눈에 보일 거예요. 포기하지 말고 즐겁게, 셀프 에스테틱으로 고민을 해결해보는 겁니다!

Self Beauty
Method

# 눈 밑 다크서클
# 단번에 해결

눈 밑의 다크서클 때문에 피곤해 보인다, 화장이 잘 안 먹는다……

이런 고민을 호소하는 분들도 많습니다. 아무리 피부가 깨끗해도 선명한 다크서클이 눈 밑에 자리 잡고 있으면 표정 자체가 어두워 보이겠죠. 다크서클의 원인은 여러 가지인데, 건조 및 안정피로, 특히 혈액순환 불량으로 인한 것이 대부분입니다. 눈 밑 피부는 인체에서 가장 얇기 때문에 혈액순환이 나빠지면 혈액이 정체되면서 울혈이 생기기 쉬워요.

눈 주위에 있는 안륜근은 일상생활에서 사용하는 일이 적은 근육입니다. 사용하지 않으면 근육이 굳어지고 혈액순환은 나빠지죠. 이것이 눈 밑 다크서클의 원인입니다. 놀랍게도 다크서클에는 빨강, 파랑, 갈색, 검정의 네 종류가 있답니다. 붉은 다크서클은 혈액순환 불량 때문에 생기는 비교적 가벼운 다크서클이고, 이것이 심해지면 푸른 다크서클이 돼요.

이처럼 혈액순환 불량으로 인한 다크서클을 해결하는 가장 좋은 방법은 눈가를 따뜻하게 해주는 것이랍니다. 76쪽에서 소개할 '눈가 온냉찜질'로 혈액순환을 개선해보세요.

일상생활에서 컴퓨터 등으로 인한 안정피로를 경감시키고 냉증이나 스트레스를 해소하는 것도 중요합니다.

갈색 다크서클은 피부의 색소 침착이 원인입니다. 눈을 비비는 버릇이 있나요? 포인트 메이크업을 빡빡 문질러 지우진 않나요? 말끔히 세안하고 있나요? 이처럼 일상적인 스킨케어 방법을 되돌아볼 필요가 있어요. 또 건조한 피부도 원인 중 하나인데, 눈 주위의 보습을 철저히 하면 주름도 예방할 수 있죠.

그리고 마지막으로 검은 다크서클. 이건 가장 심각한 것으로 처짐이 원인이 돼 발생하는 증상이에요. 눈 주위 근육이 굳어져 쇠퇴하면서 피부가 처지고 그림자가 지는 것이죠. 여기에는 '눈 밑 처짐 해결'(66쪽)에서 소개한 셀프 에스테틱이 효과적입니다.

아무리 얼굴을 잘 가꿔도 눈 밑에 다크서클이 있으면 나이 들어 보여요. 무엇보다 다크서클은 시간이 지날수록 없애기 어렵습니다.

다음에 소개할 셀프 에스테틱은 이미 생긴 다크서클을 해소하는 것은 물론, 예방까지 할 수 있는 테크닉입니다. 조금만 시간을 들이면 할 수 있으니 스킨케어의 일환으로 한번 시도해보세요.

## ⑩ 다크서클 없애기

### STEP1

눈을 감고 양손 검지, 중지 두 손가락을 이
용해서 좌우 눈머리 아래쪽부터 관자놀이
를 향해 부드럽게 쓸어준다.
(좌우 5회)

### STEP2

눈머리부터 눈썹 위를 따라 관자놀이를 향
해 마찬가지로 쓸어준다.
(좌우 5회)

다크서클은 종류에 따라 대처법이 달라요.
우선은 어떤 색인지 판단하는 것이 중요합니다. 빨강, 파랑, 갈
색, 검정 중 어떤 타입의 다크서클로 고민하고 있나요?

눈 뼈의 옴폭 파인 부분에 수근을 대고 힘을 주어 꾹 눌렀다가 확 떼어준다.
(좌우 3회)

※ 오른쪽 얼굴을 할 때는 왼손으로 하면 편하다.

## 사무실에서, 30초 만에 눈가 리프트 업♪

눈가는 인상을 결정하는 부분이에요. 이 방법은 언제 어디서든 간단하게 할 수 있는 셀프 에스테틱으로, 특히 직장인들에게 호평받는 테크닉이랍니다. 눈가가 시원해지고 생기 넘치는 인상을 만들어줘요. 꼭 시도해보세요!

① 눈썹산의 가장 높은 부분을 확인합니다.

② 그 부분의 눈썹 아래쪽에 볼펜을 대고(끝이 둥그런 것으로), 눈꺼풀을 들어 올려 좌우로 살살 움직여줍니다.

# 침침하고 피로한
## 눈을 시원하게

요즘은 생활환경 자체가 눈을 혹사시킬 수밖에 없어서 안정피로를 호소하는 분도 많죠. 컴퓨터나 스마트폰 등을 장시간 바라보면 눈의 근육인 안륜근도 피로해져서 긴장 상태가 지속됩니다. 안정피로를 그대로 방치하면 다크서클이 생기거나 눈이 충혈되는 것은 물론, 눈 주위의 주름과 처짐의 원인이 되기도 해요.

### 눈가 온냉찜질로 안정피로 해소!

안정피로를 해소하기 위해서는 눈가를 따뜻한 타월과 차가운 타월로 3분씩 번갈아 가며 찜질해주는 '눈가 온냉찜질'이 효과적입니다. 타월의 온도로 인해 혈액순환이 개선되고 눈가의 칙칙함도 없앨 수 있는 간단한 방법이지요. 별 것 아닌 것 같아 보여도 눈의 피로를 풀기에 충분한 셀프 케어랍니다.

## ⑪ 눈의 피로 풀기

이 셀프 에스테틱은 STEP1~3이 1세트로 진행됩니다. 각각 하나, 둘, 셋 하고 숫자를 세면서 힘을 주고, 다시 하나, 둘, 셋 하고 숫자를 세면서 힘을 빼주세요.

### STEP1

**청명**
중지를 이용해서 눈머리의 살짝 위쪽에 있는 혈인 청명을 눌러준다.

### STEP2

**승읍**
정면을 바라볼 때 눈동자의 바로 아래에 위치하는 혈인 승읍을 눈 주위에 있는 뼈 가장자리로 당기는 느낌으로 중지를 이용해 아래쪽으로 눌러준다.

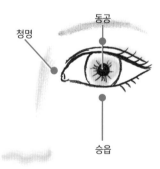

청명
동공
승읍

태양

## STEP3

### 태양

눈 가장자리를 더듬다 보면 관자놀이에 작게 옴폭 파인 곳이 태양이라는 혈. 중지와 약지를 이용해서 대각선 위로 끌어올리듯 눌러준다.

(좌우 4회)

눈의 피로는 그날그날 풀어주세요!
사실 이것이야말로 아름다운 눈매를 만드는 가장 좋은 방법입니다. 온종일 혹사시킨 눈을 케어하면서 편안한 상태로 하루를 마무리하는 건 어떨까요?

# 목욕과 함께하는 스페셜 케어

셀프 에스테틱은 심신에 피로가 쌓였을 때에도 추천하는 릴랙스 요법의 하나입니다. 전신의 근육과 뭉친 표정근을 부드럽게 풀어주면 뇌의 알파파가 활성화되면서 엔돌핀이 분비되는데, 이 호르몬이 긴장을 풀어주지요. 욕조에 몸을 담그고 얼굴과 몸의 근육을 셀프 에스테틱으로 천천히 풀어주면 하루 동안 쌓인 피로가 풀리면서 스트레스도 말끔히 해소된답니다.

　욕조에 좋아하는 향의 아로마 오일을 몇 방울 떨어뜨리면 효과가 더욱 좋습니다. 특히 라벤더나 로즈, 일랑일랑, 베르가못 등을 추천합니다. 욕조 안에서 얼굴 마사지를 할 때는 뜨거운 물을 틀어놓고 욕실을 사우나 같은 상태로 해두면 피부에 더 좋아요. 입욕 후 스팀 타월을 몇 분간 따뜻하게 올려주면 더욱 촉촉하고 쫀득한 피부가 되지요. 그리고 따뜻함이 사라지기 전에 취침하도록 하세요. 양질의 수면을 취할 수 있답니다. '피로가 쌓인 것 같은데……'라고 느껴질 때 시도하면 굉장히 좋은 방법이에요.

# 이마 주름의 원인은
## 의외의 곳에?!

이마 주름은 습관적으로 짓는 표정의 영향도 있지만 주로 건조함과 피부 처짐이 원인입니다.

일반적으로 볼과 눈 주변에는 스킨과 로션을 듬뿍 발라 보습을 하지만 이마 부분은 소홀해지기 쉬워요. 충분히 보습을 해주지 않으면 이마가 건조해져서 쪼글쪼글한 주름이 생기고 만답니다.

이마 주름이 건조해서 생기는 것인지 판단하려면 입욕 후 이마의 피부 상태를 체크해보세요. 입욕 후에 주름이 눈에 잘 띄지 않는다면 건조함이 원인이니 보습에 신경 써야겠지요.

하지만 입욕 후에도 주름이 여전하다면 근육의 쇠퇴가 원인이라고 볼 수 있어요. 이마 주름에 영향을 미치는 근육은 전두근과 측두근입니

다. 이런 경우에는 두피의 처짐을 잡아주면서 근육을 단련시키는 다음의
셀프 에스테틱을 추천합니다.

## ⑫ 팽팽한 이마 만들기

### STEP1

손을 가위 모양으로 만들고, 이마 중심에서
부터 머리카락이 나는 경계선을 따라 관자
놀이까지 나선을 그리며 마사지한다.
(좌우 3회)

### STEP2

검지, 중지, 약지 세 손가락 끝을 구부려서
왼쪽 관자놀이부터 오른쪽 관자놀이까지
상하로 꼼꼼히 풀어주면서 한 방향으로 마
사지한다.
(3회)

이마 주름은 무의식적으로 짓는 표정이 형상기억으로 남는 경우
도 있어요. 주름이 깊다면 두피 마사지와 병행하면서 하루라도
빨리 케어하는 것이 중요해요!

# 아름다운 목은
## 미인의 필수 조건

목주름은 눈에 띄기도 쉽고 나이 들어 보이게 하는 골칫거리죠. 목주름의 원인으로는 스마트폰이나 컴퓨터 등을 하면서 머리가 아래쪽을 향하는 자세를 오래 취하거나 베개 높이가 맞지 않는 경우, 또는 자외선이나 건조, 노화로 인한 콜라겐 감소 등을 들 수 있는데, 가장 큰 원인은 아무래도 노화로 인해 목을 지탱하는 근육의 힘이 약해지는 것입니다.

또 목은 피부가 얇아서 형상기억 주름이 생기기 쉬우며 금방 건조해진다는 특징도 있어요. 따라서 얼굴과 마찬가지로 충분한 보습으로 평상시에 관리하는 것이 중요하지요.

더불어 다음에 소개할 셀프 에스테틱으로 관리하면 주름뿐만 아니라 피부의 처짐도 개선할 수 있습니다. 간단하지만 효과는 최고! 아침저녁으로 어디서든 손쉽게 할 수 있는 이 스트레칭은 꼭 시도해보시길!

## 13 턱 밑 라인 다듬기

**STEP1**

가슴 위에 양손을 겹쳐 올린다.

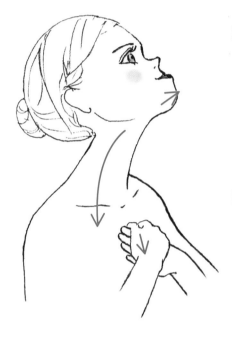

**STEP2**

정면 위를 바라보며 목이 일직선이 되도록
쭉 펴서 피부를 팽팽하게 만든다.

**STEP3**

아래턱을 쭉 내밀면서 동시에 가슴을 아래
쪽으로 당긴다. 3초 정도 유지하고 원래대
로 돌아온다.

최대한 아래턱이 튀어나오도록 위쪽으로 내미는 것이 포인트!
동작을 하고 나면 목을 제자리로 되돌린 뒤 다시 반복해주세요.

## Self Beauty Method

# 어깨와 목의
# 결림 해소하기

여성들의 고민 중에서도 자주 언급되는 것이 '어깨와 목의 결림'이죠. 연령대를 불문하고 자각증상이 있는 여성의 비율은 남성의 약 1.5배라고 합니다. 어깨와 목이 결리는 원인 중 하나는 목을 구부리거나 돌릴 때 사용하는 '목빗근'이 경직되어 있기 때문이에요. 사실 이 '목빗근'의 연장선상에 있는 '쇄골'을 풀어주기만 해도 놀랄 만큼 결림 증상이 좋아지게 됩니다.

결림의 원인 중 하나인 구부정한 자세를 지속하면 어깨가 안쪽으로 말리게 되고, 동시에 목 주위의 근육과 쇄골도 아래쪽으로 당겨져서 결림 증상이 더 심해지죠. 또 다른 원인은 목, 어깨, 등에 퍼져 있는 '승모근'입니다. 이 부분이 굳어지면 견갑골의 움직임도 나빠지고 등 전체에 통증을 느끼게 되기도 해요. 쇄골과 함께 단단하게 굳어진 '승모근'을 풀어주어 괴로운 결림 증상에서 벗어나보세요!

## ⑭ 어깨·목 결림 해결

### STEP1

검지, 중지, 약지 세 손가락을 이용해서 나선을 그리며 쇄골의 움푹 팬 부분을 팽팽함이 사라질 때까지 풀어준다.

### STEP2

손바닥 전체로 어깨와 목의 연결 부위를 감싼 뒤 그대로 힘을 주어 쇄골까지 쓸어준다.
(좌우 10회)

목을 따뜻하게 해주면 어깨 결림, 목 결림을 해소함과 동시에 자율신경의 균형도 맞출 수 있어요.
손쉽게 할 수 있는 스팀 타월 온열법으로 목을 따뜻하게 해보면 어떨까요?

# 가냘픈 팔뚝은
## 여성스러움의 상징

옷차림이 가벼워지는 계절이 오면 팔뚝이 신경 쓰이는 분이 많지요. 손목은 가는데 팔뚝 살이 출렁거리거나 혹은 너무 근육질이라서 부끄럽다는 분들도 적지 않습니다.

많은 분들이 신경 쓰는 부위이니만큼, 항간에는 팔뚝 살을 없애는 트레이닝이라며 많은 정보가 떠돌고 있지만 그중에는 틀린 정보도 무척 많아요.

팔뚝을 구성하는 근육으로는 알통에 해당하는 상완이두근과 팔뚝 아래 부분에 해당하는 상완삼두근이 있어요. 사실 이들 근육은 일상생활에서 그다지 쓸 일이 없어서 금방 처지게 돼요. 특히 출렁거리는 팔뚝 살은 약해진 상완삼두근이 원인일 때가 많습니다.

출렁거리는 팔뚝을 탄탄하게 만들기 위해 가압 트레이닝 등으로 단련하다 가늘어져야 할 팔뚝에 오히려 불끈거리는 근육이 생기는 경우도 많아요. 팔뚝은 자칫 함부로 트레이닝을 하다 오히려 더 두꺼워질 수도 있습니다.

그렇다면 다들 꿈꾸는 아름다운 팔뚝을 만들기 위해서는 어떻게 해야 할까요?

팔뚝 근처에는 목, 가슴, 겨드랑이의 림프가 흘러들어가는 림프샘이 있어요. '겨드랑이 림프샘'이라고 하는데, 몸통과 팔의 연결 부분, 겨드랑이 아래에 위치합니다. 이 림프샘은 상반신의 쓰레기통 역할을 한다고 볼 수 있죠.

이 겨드랑이 림프샘이 잘 순환되지 못하면 팔뚝 살이 처지는 원인이 될 수 있어요. 즉 겨드랑이 림프샘을 마사지하면 노폐물이 잘 배출되고 부기나 팔뚝 살 처짐도 개선할 수 있는 것이죠.

먼저 자신의 팔뚝을 만져보세요. 혈액의 흐름이 좋지 않고 지방이 많은 부분은 차갑게 느껴질 거예요. 목욕할 때 그 부분을 천천히 따뜻하게 해주면서 충분히 온도를 높여준 뒤 마사지를 해보세요.

## 15 아름다운 팔뚝 만들기

### STEP1

견갑골을 모은 상태로 양팔을 뒤쪽으로 올
릴 수 있는 만큼 올리고 좌우로 인사하듯
손을 흔들어준다.
(30초 정도)

**(응용편)**
엄지와 나머지 네 손가락으로 겨드랑이 아
래의 겨드랑이 림프샘을 전체적으로 주무
르며 풀어준다.
(좌우 20회 정도)

날씬한 팔뚝의 비결은 겨드랑이 림프샘!
겨드랑이 림프샘을 주무를 때 통증이 느껴지는 분은 주의가 필요
해요. 자주 문질러서 풀어주면 바스트 업에도 효과적!

# 가슴 볼륨 따위,
## 단 20초면 충분!

볼륨감 있고 탱탱한 가슴은 여성들의 로망이죠. 그렇지만 나이가 들면서 처지는 가슴을 바라보며 '이제 방법이 없다'며 포기하고 있지 않나요? 조금만 신경 써서 생활 습관을 바꾸면 탄력 있는 아름다운 가슴을 만들 수 있답니다.

이번에 소개할 방법은 제가 에스테티션으로 일하던 시절부터 해온 마사지로, 고객들로부터 가슴 사이즈가 한 컵 커졌다는 등 좋은 반응을 얻었던 방법입니다.

아름다운 가슴을 만들기 위해서는 가슴 주위에 '혈액순환'이 잘되게 하는 것이 중요해요. 그래서 혈액순환이 활발해지는 입욕 후 마사지를 추천합니다. 아무리 효과 좋은 마사지라고 해도 꾸준히 하지 않으면 의

미가 없어요. 입욕 후에는 항상 습관적으로 케어하도록 하세요.

매일 사기 가슴을 만시면 '멍울'이나 '몽증' 등 이상 증세도 빨리 발견할 수 있답니다.

바스트 업 마사지로 '건강'과 '아름다운 가슴', 두 마리 토끼를 잡아보세요!

## 16 탄력 있는 가슴 만들기

### STEP1

손바닥 전체로 가슴을 아래에서 위로 끌어
올리는 동작을 겨드랑이부터 가슴 중심 쪽
으로 진행한다.
(좌우 3회)

### STEP2

새끼손가락 측면으로 가슴을 받치듯 대고 양
손으로 번갈아가며 중심 쪽으로 쓸어준다.
(좌우 8회)

여분의 등살까지 함께 쓸어주면 뒷모습도 날씬해져요. 나이가 들
면서 늘어나는 등살도 이 셀프 에스테틱으로 해결해보세요!

# 상황별 긴급 30초
## 셀프 에스테틱

지금까지 '고민별 셀프 에스테틱'을 소개했습니다.

　모두 평소에 피부 손질할 때 추가해서 꾸준히 하면 좋아요. 이제부터 소개할 것은 급한 상황에 할 수 있는 셀프 에스테틱입니다.

　예를 들면 사진 찍기 전.

　SNS 등에 사진을 올릴 때, 많은 사람들이 보는 사진인 만큼 가장 빛나는 모습을 담고 싶을 거예요. 그런 갑작스러운 상황에서 할 수 있는 셀프 에스테틱을 소개하겠습니다. 모두 아주 짧은 시간에 할 수 있는 것들이랍니다.

　당신의 매력을 최대한 이끌어내는 셀프 에스테틱, 꼭 한번 시도해보세요.

## 아름다운 미소로
## 인생 컷에 도전

요즘에는 공적으로든 사적으로든 SNS를 활용하는 시대여서 사진을 자주 찍게 되지요. 온라인상의 사진으로 첫인상을 판단하는 경우가 많다 보니 신뢰가 중요한 비즈니스에서는 프로필 사진을 중시하기도 합니다. 나를 알리고 개성을 표현하는 사진을 찍기 위해서는 아무래도 '표정'이 중요할 터인데, 막상 카메라를 들이대면 얼굴이 경직되면서 생각대로 표정을 지을 수 없다고 고민하는 분도 많아요.

웃고 싶어도 입가가 움직이지 않거나 볼이 움찔거리고 눈동자가 움직이지 않는 분은 표정근의 쇠퇴가 원인일 수 있습니다. 이 경우에는 단단히 굳어진 표정근을 부드럽게 만들어서 움직이기 쉬운 상태로 만들어 주는 것이 중요해요.

여기에서 소개할 방법은 촬영 1시간 전에 하면 좋을 셀프 에스테틱입니다. 단시간에 경직된 표정근 전체를 풀어주고 얼굴 윤곽을 날렵하게 만들어주는 효과가 있답니다. 인상적인 '기적의 1컷'을 찍고 싶은 분은 꼭 시도해보세요.

## 사진발 잘 받는 요령

● 매력적으로 찍히는 각도를 파악한다

사람의 얼굴은 대부분 좌우 대칭이 아닙니다. 따라서 매력적으로 보이는 각도와 그렇지 않은 각도가 있게 마련, 우선 자신의 얼굴이 가장 잘 나오는 각도를 연구해보세요. 거울에 비친 얼굴을 바라보면서 가장 좋은 자세를 파악하는 것이 중요합니다.

● 숨을 멈추지 않는다

사진 찍는 게 어색한 사람은 무의식적으로 숨을 멈추는 경우가 많습니다. 코로 숨을 깊이 들이마시고, 내뱉을 때에는 입꼬리를 올리고 이빨 사이로 '스~' 하고 가늘고 길게 내뱉어보세요. 이 호흡을 몇 번 반복하다 사진 찍히는 순간에 입꼬리를 올리는 방법도 추천.

• 얼굴 주위에 손을 가져다 댄다

볼 옆에 손을 가져다 대면 어른스러운 분위기를 연출할 수 있어요. 또 턱
끝이나 윤곽을 감출 수 있어서 얼굴이 작아 보이는 효과도 있지요.

## 17 사진발 올려주는 특급 노하우

### STEP1

손을 가위 모양으로 만들고, 이마 중심부터
머리카락이 나는 경계선을 따라 관자놀이
까지 나선을 그리면서 마사지한다.
(좌우 10회)

### STEP2

귀 아래쪽의 이하선 림프샘 주위에 손을 보
자기 모양으로 만들어 밀착시킨다.
나선을 그리며 데워주듯 자극한다.
(좌우 10회)

### STEP3

광대뼈 끝에 엄지를 대고 위쪽으로 누르며
지압한다.
(좌우 4회)

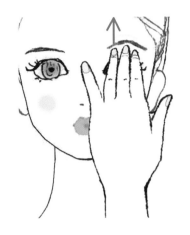

### STEP4

눈썹 아래에 검지, 중지, 약지 세 손가락을
모아서 위쪽 방향으로 눈꺼풀을 끌어올린
다(눈을 크게 뜬 상태). 그 상태에서 좌우로
살살 움직인다.

(좌우 10회)

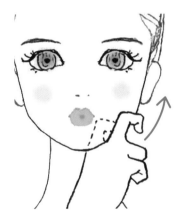

### STEP5

페이스 라인의 뼈를 가위 모양 손 사이에
끼워서 이하선까지 끌어올린다.

(좌우 5회)

※ 오른쪽 얼굴을 할 때는 왼손으로 하면 편
하다.

표정근이 부드러워지면 표정이 더욱 풍부해져요.
아무래도 웃는 얼굴이 호감도가 더 높겠죠.
당신의 매력을 최대한 살린, 멋진 미소가 담긴 한 컷을 찍어보세요!

# 위급 상황용
# 스페셜 에스테틱

중요한 프레젠테이션이나 면접 등을 앞두고 반드시 성공해야 한다는 부담에 오히려 긴장해서 머릿속이 백지가 된 경험, 없으신가요? 일단 긴장하게 되면 좀처럼 컨트롤이 어렵지요. 평소에 긴장을 잘하는 사람이라면 이러한 상황에서 최고의 퍼포먼스를 내기 위해 준비가 필요해요.

이러한 긴장을 단시간에 완화시켜 편안한 상태가 되려면 어떻게 하는 것이 좋을까요? 의외로 많은 분들이 모르고 있는데, 얼굴과 목의 긴장을 풀어주면 동시에 정신적인 긴장도 완화된답니다. 뇌와 표정근은 연결되어 있어서, 얼굴 주위의 근육을 활성화시키면 뇌파가 안정적인 알파파 상태로 변해요. 그러면 '행복 호르몬'이라고 불리는 신경전달물질이 분비됩니다. 뇌 속이 이 호르몬으로 채워지면 정신적으로 편안해지고 긴장이 해소돼 차분한 상태가 될 수 있죠.

## 18 긴장과 경직 풀어주기

### STEP1

백회라는 혈(좌우 귓구멍을 연결한 선과 미간 중심에서부터 정수리를 향하는 선이 머리 꼭대기에서 교차하는 부분)에 양손의 검지, 중지, 약지를 대고 상하로 흔들어주며 자극한다.
(10회)

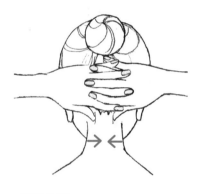

### STEP2

양손을 머리 뒤에서 깍지 끼고 목을 조금 앞으로 기울인 상태에서 후두부의 움푹 파인 부분(풍지)에 양손의 엄지를 대고 중심부를 향해 힘을 준다.
(5회)

### STEP3

목을 앞으로 기울인 상태에서 손끝을 구부려(엄지, 중지, 약지) 목 뒤를 위에서 아래로 나선을 그리며 풀어준다.
(30초)

# 짜증은 아름다움의 적

수면 부족이나 호르몬 불균형, 컨디션 난조 등으로 무심코 짜증을 내게 되는 경우가 있죠. 그럴 때 우리 몸에서는 강력한 산화작용이 일어나면서 몸을 녹슬게 하고 세포의 노화를 촉진하는 활성산소가 만들어집니다. 이 물질이 늘어나면 몸속 조직들이 쇠퇴하면서 기미가 늘고 피부의 탄력을 유지시키는 콜라겐이 파괴되는 등, 미용상으로 좋지 않은 일만 생기게 돼요.

또 짜증을 내고 난 뒤, 큰 뾰루지가 생긴 적 없으신가요? 분노를 느끼면 뇌에서 노르아드레날린과 아드레날린 등 피부 트러블을 일으키는 호르몬이 분비됩니다. 이 호르몬은 피지선을 자극해서 피지 분비가 많아지거나 트러블의 원인이 되지요.

그리고 짜증을 내면 교감신경이 활성화되면서 몸은 전투태세에 돌입합니다. 근육이 경직되거나 수면 장애가 발생해서 피로가 쌓이게 되지요. 또 혈액순환과 림프의 흐름이 나빠지기 때문에 냉증이 심해지거나 트러블을 일으키는 원인이 되기도 해요. 짜증을 내면 상대방과 자신 모두 상처를 입게 되니 무엇보다 스스로의 감정을 잘 컨트롤하는 것이 중요하겠지요.

여기에서는 제 나름대로의 스트레스 해소법을 두 가지 소개하겠습니다.

첫 번째는 '자연 속에서 마음을 해방시키기'입니다. 햇볕을 쬐거나 산책 등의 리듬 운동을 하면 행복 호르몬인 세로토닌 분비가 늘어나요. 에너지 균형을 맞추기 위해서는 광대한 자연 속에 있는 것이 가장 좋습니다. 그런 곳에 가기 어려운 사람은 차분히 휴식하면서 자기 내면과 이야기를 나눠보는 것도 추천합니다.

두 번째는 '얼굴 마사지'입니다. 얼굴에 있는 표정근은 우리의 감정과 밀접한 관계가 있어요. 감정과 연결된 표정근을 부드럽게 풀어주면 단단하게 굳어져 있던 마음도 스르르 풀리면서 부정적인 감정도 완화된답니다. 리프트 업과 미용 효과도 있는 '얼굴 마사지'는 특히 추천하는 방법이에요.

짜증이나 상대방을 원망하는 감정을 오래 지니고 있으면 스스로만 괴롭습니다. 그러니 행복한 상태를 마음속으로 그려보세요. 자신의 감정을 스스로 컨트롤하는 게 중요하답니다.

# 날씬한 몸매를 위한
## 작은 노력

사람의 하반신에는 몸 근육의 약 70퍼센트가 모여 있다고 합니다. 따라서 스타일을 살리려면 하반신 근육을 단련하는 것이 필수적이겠죠. 이 큰 근육을 단련하기만 해도 기초대사량이 무척 높아집니다.

기초대사량이 높아지면 먹어도 살이 잘 찌지 않고 노폐물도 쉽게 배출되지요. 헬스장을 다니거나 정기적으로 운동하기 어려운 분은 이 셀프 에스테틱을 시도해보세요!

발바닥을 바닥에 붙이고 양발을 모은 뒤, 맞닿은 복사뼈 부분을 의식해보세요. 중심 쪽으로 더 끌어당기듯 모으면서 최대한 유지! 이것만으로도 허벅지 안쪽, 뒤쪽, 엉덩이, 배의 근육을 동시에 단련할 수 있답니다.

지하철 안에서, 회의 중에, 또 사무실에서 책상 앞에 앉아 있을 때……. 매일 조금씩만 신경 써서 꾸준히 해주면 탄탄하게 정돈된 몸매로 변신할 수 있어요.

## 19 늘씬한 하반신 만들기

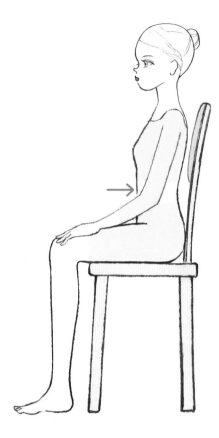

### STEP1

좌골을 의자에 딱 붙이고 깊숙이 앉아서 3
초간 숨을 깊이 들이마신다.

### STEP2

5~7초간 숨을 한꺼번에 내쉬면서 배를 최
대한 납작하게 만든다.

### STEP3

숨을 다 내뱉은 상태에서 10~15초 유지한다.

다이어트를 하고 싶지만 운동하기는 어려운 분들도 이 '간단 호
흡법'이라면 꾸준히 할 수 있겠죠?
일상생활에서 조금만 신경을 쓰면 날씬한 몸매도 꿈이 아니랍니다!

# 시선을 사로잡는
## 매력적인 미소 짓기

'생각한 대로 미소를 지을 수가 없어요', '웃는 게 어색해요'라며 고민하는 분이 의외로 많은데, 이 고민은 셀프 에스테틱으로 반드시 해결할 수 있어요.

사실 저도 웃으면 잇몸이 활짝 드러난다는 말을 들은 적이 있어서, 예전에는 웃는 얼굴이 콤플렉스였답니다. 사진을 찍고 나면 항상 마음에 들지 않아서 크게 웃기가 싫더라고요. 그러다 보니 사람들 앞에서 웃는 일이 적어졌고, 괜스레 의기소침해지곤 했죠.

그러다 이대로는 안 되겠다는 생각에 웃는 표정을 연습하기 시작했어요. 먼저 기본적인 미소를 연습하고, 사진 찍을 때 짓는 밝은 웃음이나 새초롬한 미소 등 때와 장소에 맞게 그때그때 어울리는 다양한 웃는 표정을 연습했습니다. 그러자 어느새 거울 속에 비친 웃는 얼굴에 자신감이 생기고 미소가 아름답다는 칭찬도 받게 되었지요.

감정은 표정근과 밀접한 관계가 있어서, 억지로라도 웃는 표정을 지으면 기분도 바뀐답니다. 지금도 크게 웃을 때 코에 잡히는 주름이나 터질 듯한 볼이 신경 쓰이기는 하지만, 자연스러운 미소야말로 최고의 매력이라는 생각이 듭니다.

억지로 만든 미소가 아닌 최고의 미소를 지을 수 있도록, 웃는 것이 어색한 분은 우선 웃는 연습부터 시작해보세요.

그러기 위해서는 우선 굳어진 표정근을 부드럽게 풀어주어야 해요. 표정근이 부드럽게 움직일 수 있게 되면 자연스레 풍부한 표정도 지어집니다.

콤플렉스가 해소되면 내면도 밝아지고, 내면이 바뀌면 그 속에서부터 매력이 뿜어져 나오게 돼요. 웃는 얼굴에 자신감이 생긴다면 다른 사람들과의 커뮤니케이션도 늘고 인상도 크게 바뀌겠지요. '미소'는 인생을 좌우하는 중요한 열쇠라고 해도 과언이 아닙니다.

자, 사람들의 시선을 사로잡는 최고의 미소를 지을 수 있도록 표정근 트레이닝을 해볼까요?

## 20 호감형 미소 연습

### STEP1

입을 다물고 위아래 치아를 맞물린 상태에서 오른쪽 볼에 공기를 넣어 팽팽하게 부풀린다. 시원함이 느껴질 정도까지 부풀린다. 부풀린 볼을 관자놀이까지 끌어올린다는 느낌으로 위쪽으로 이동시킨다.
(5초 유지)

### STEP2

원래의 자연스러운 표정으로 돌아온다. 왼쪽도 똑같이 반복한다.
(좌우 1세트 20회)

처음에는 억지 미소를 지어도 괜찮아요. 미소는 연습하면 반드시 잘할 수 있게 된답니다. 그리고 입꼬리를 올리면 기분도 덩달아 긍정적으로 바뀌게 돼요!

# 이럴 땐 어떻게 할까요?
## 셀프 에스테틱 Q&A

Q   강도는 어느 정도가 좋을까요?

A   마사지는 강하게 할수록 효과가 좋다고 생각하는 분이 많겠지만,
    얼굴 피부는 무척 민감합니다. 힘을 너무 강하게 주면 멍이나 주름
    이 생길 수도 있으니, 너무 힘을 주어서는 안 돼요.
    각자의 상태에 맞춰서 딱 좋은 정도의 힘, 시원함이 느껴질 정도의
    강도로 마사지하도록 하세요.

Q   오일이 없으면 안 되나요?

A   일부 셀프 에스테틱은 오일이 없어도 괜찮지만, 기본적으로 오일
    없이 마사지하는 건 추천하지 않습니다. 잘 미끄러지지 않기 때문

에 피부에 마찰을 일으켜 주름이 생길 수 있지요. 마사지를 할 때는 지용성 오일이나 크림을 사용해서 최대한 마찰을 적게 만들어야 합니다.

오일은 자기 피부에 잘 맞는 것이라면 뭐든 괜찮아요. 제가 가장 추천하는 것은 앞에서도 소개한 것처럼 '호호바 오일'입니다. 마사지 외에도 클렌징이나 헤어케어, 스킨케어 대신 사용할 수도 있는 만능 오일이에요.

Ⓠ **밖에서 셀프 에스테틱을 해도 될까요?**

Ⓐ 물론 외출 중에 어디서든 할 수 있지만, 오일이 필요한 마사지는 꼭 오일을 사용하도록 하세요.

또 손에는 눈에 보이지 않는 여러 세균들이 있어요. 씻지 않은 손으로 얼굴을 만지면 뾰루지나 피부 트러블의 원인이 됩니다. 셀프 에스테틱은 반드시 깨끗한 손으로 하도록 하세요.

Ⓠ **마사지를 한 뒤 근육통 같은 통증이 느껴져요.**

Ⓐ 얼굴에 있는 근육(표정근)을 자극했기 때문에 마사지 뒤에는 드물게 얼굴에 근육통이 느껴지기도 합니다. 익숙하지 않은 마사지를 하거나 평소 사용하지 않는 근육을 많이 사용하면 나타날 수 있는데, 호전반응의 한 종류이니 크게 걱정하지 않으셔도 됩니다.

몸속에 쌓여 있던 노폐물은 일정 기간 체내를 돌아다니는데, 노폐물이 해독돼 몸 밖으로 배출되면 처짐과 부기도 함께 해소되면서 개운해져요. 따라서 마사지를 한 뒤 호전반응으로 '근육통'이 있는 분들도 다음날 아침에는 개운함을 느낄 수 있을 거예요.

Ⓠ **화장한 상태에서 마사지를 해도 되나요?**

Ⓐ 기본적으로는 화장을 지운 다음, 오일이나 크림 등을 사용해 마사지하는 것을 추천합니다. 그렇지만 부분적인 테크닉은 화장한 채로 해도 괜찮아요.

저는 밖에서 화장을 고칠 때에도 '팔자주름을 없애자'라며 가볍게 마사지하기도 합니다.

2장

—

# 당신을 빛나게 해줄
# 미용 습관 13가지

# 여성을 빛나게 하는
## 여성 호르몬

여성이 젊음과 생기와 아름다움을 유지하기 위해 가장 중요한 것은 무엇일까요?

그 열쇠는 바로 '여성 호르몬'이에요.

'여성 호르몬'의 중요한 역할은 배란과 생리를 원활하게 해서 임신과 출산을 돕는 것입니다. 에스트로겐과 프로게스테론이라는 두 가지 호르몬의 작용으로 생리 주기가 생기고 호르몬 균형에 변화가 일어나죠.

그러나 이 중요한 열쇠인 여성 호르몬이 분비되는 양은 평생 동안 고작 티스푼 하나 정도에 불과해요. 이처럼 적은 양의 여성 호르몬에 우리들의 몸과 마음이 지배되고 있다는 사실, 아시나요?

여성의 생리주기는 월경기(생리) → 난포기(생리 후) → 배란기(배란

전후) → 황체기(생리 전)의 네 단계로 나눌 수 있어요.

생리가 끝나고 배란까지의 기간(난포기)은 난포를 발육시키기 위해 에스트로겐 분비가 증가합니다. 에스트로겐은 아름다운 피부를 만드는 호르몬으로도 알려져 있는데, 이 시기는 여성이 가장 아름답게 빛나는 때예요. 피부가 탱탱해지면서 투명함이 느껴지고 기분도 무척 좋아지죠. 허리에는 여성스러운 굴곡이 생기고 가슴이 커지기도 해요.

에스트로겐은 피부에 윤기를 줄 뿐만 아니라 내장 지방을 줄이는 작용도 합니다. 난포기는 살이 빠지기 쉬운 시기이기도 하니, 이 시기에 적극적으로 운동과 식단 조절을 하면 효율적으로 다이어트를 할 수 있지요.

반대로 배란기가 지나 다음 생리를 하기 전까지는 우울한 시기입니다. 이 시기는 짜증과 화가 많아지고, 몸이 쉽게 붓고 피곤해지며 자율신경의 작용도 둔해져요. 기미와 주근깨가 늘어나거나 피부가 칙칙해지고 여드름 등 피부 트러블로 고민하게 되지요. 여성 범죄의 80퍼센트 이상이 생리 전에 일어난다는 조사 결과도 있을 정도로, 이 시기에는 짜증의 원인인 '프로게스테론'이 많이 분비됩니다.

또한 이 시기는 지방이 축적되기 쉬워서 체지방도 증가할 수 있어요. 따라서 식사량을 조절해 체지방 증가를 막으면, 다음번 '살 빠지는 시기'에는 체지방이 계단형으로 쭉쭉 줄어들면서 체중 변화도 확인할 수 있습니다.

우리의 몸과 마음은 이러한 균형에 의해 유지되고 있어요. 그러나 최근에는 스트레스나 불규칙적인 생활, 지나친 다이어트 등으로 호르몬 균형이 무너진 분이 많습니다. 여성 호르몬의 균형이 깨지면, 극단적으로는 수염이 자라거나 체모가 진해지고 머리카락이 가늘어지는 등 남성화가 진행되는 경우도 있어요.

안타깝지만 여성 호르몬은 25세경을 정점으로 점점 감소합니다.

나이가 들어도 생기 있게 빛나기 위하여, 다음에 소개할 여성 호르몬 활성화법을 오늘부터 꼭 실천해보세요.

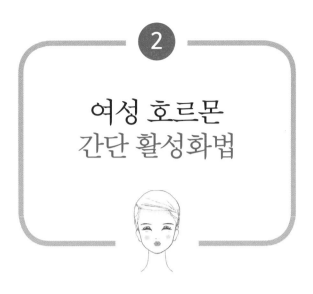

# 여성 호르몬
## 간단 활성화법

### ① 몸을 차게 하지 않는다

몸을 따뜻하게 해주는 것은 모든 미용과 건강법에 통용된다고 해도 과언이 아닙니다. 특히 자궁 부근이 차가워지지 않도록 복대를 두르거나 털로 된 바지를 활용해보세요. 입욕을 하지 않고 샤워로만 목욕을 끝내는 건 좋지 않아요! 여름에도 입욕은 빼놓지 마세요.

### ② 양질의 수면을 취한다

취침 2시간 전부터는 스마트폰이나 컴퓨터를 보지 말고 신경이 쉴 수 있는 시간을 주도록 하세요. 규칙적인 수면은 아름다운 피부와 건강, 그리고 여성 호르몬 분비에 꼭 필요하답니다. 취침 시간이 불규칙적이거나 밤을 자주 새면 호르몬 분비는 균형을 잃고 말아요.

에스트로겐이 감소하는 30세 선후부터는 동안 호르몬이라고 불리는 성장 호르몬이 피부 탄력과 건강을 유지해줍니다. 이 성장 호르몬은 잠 잘 때 분비되지요. 자기 전에 충분히 긴장을 풀 수 있는 환경을 조성하고, 하루 7시간씩 숙면하도록 하세요.


### ③ 양질의 지방산을 섭취한다

세포막은 주로 지방산으로 형성돼 있고 호르몬을 생산하는 재료를 만듭니다. 따라서 양질의 지방산이 부족하면 세포는 점점 약해지지요. '좋은 호르몬의 재료'가 되는 것도 양질의 지방산이에요.

동물성으로는 버터나 고기에, 식물성으로는 코코넛 오일과 코코넛 버터 등에 양질의 지방산이 풍부하게 들어 있습니다.

대두 이소플라본은 에스트로겐과 분자가 비슷해서 적극적으로 섭취하는 사람이 많은데, 너무 많이 섭취하면 오히려 호르몬 균형을 깨뜨리게 돼요.

가공식품 등은 가능하면 피하고 발효식품인 낫토, 템페(콩을 발효시켜서 만든 인도네시아의 대표적인 음식 – 편집자), 된장 등으로 대두 이소플라본을 섭취하는 것이 좋겠습니다.

### ④ 스트레스를 쌓아두지 않는다

스트레스를 받으면 그날 바로 해소합니다! 느긋하게 욕조에 몸을 담가 따뜻하게 하거나, 좋아하는 향기를 맡거나 음악을 들으며 긴장을 풀어주는 것도 좋겠죠. 자신에게 맞는 스트레스 해소법을 찾아보세요.

### ⑤ 두근거리는 일을 만든다

두근거리거나 떨리면 페닐에틸아민이라는 이른바 '사랑 호르몬'이 분비돼요. 이 호르몬이 분비된 사람은 겉보기에 나이를 짐작할 수 없는 미녀가 많지요.

페닐에틸아민은 로맨틱한 영화를 보기만 해도 분비된답니다. 생활 속에서 두근거리는 요소를 만들어서 여성 호르몬을 활성화시켜보세요!

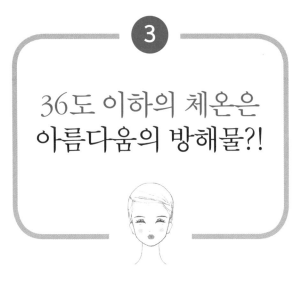

## 3

# 36도 이하의 체온은
# 아름다움의 방해물?!

"언제나 젊음을 유지하기 위해서 필요한 것은 무엇일까요?"

저는 이런 질문을 받으면 망설임 없이 '몸을 따뜻하게 하는 것'이라고 대답합니다.

최근 36도 이하의 '저체온'인 여성들이 늘면서 냉증과 어깨 결림, 감기 등 컨디션 난조를 호소하는 사람이 많아졌어요.

체온이 35도 정도까지 내려가면 암세포가 증가한다고 알려져 있죠. 여성의 경우에는 유방암이나 자궁암의 위험이 높아지기 때문에 저체온은 항상 주의해야 합니다.

그렇다면 어째서 몸을 따뜻하게 하면 젊음을 유지할 수 있는 걸까요?

체온이 상승하면 몸속 혈액이 활발하게 흐르면서 혈액순환을 돕기 때문이에요. 혈액순환이 좋아지면 노폐물 배출을 촉진하는 힘이 커지고 세포 활동이 활발해져요. 체온을 1도만 올려도 면역력은 5~6배 증가하여 여러 가지 병원균으로부터 몸을 지키는 힘도 강해진답니다. 즉 감기나 질병에 잘 걸리지 않는 건강한 몸이 될 수 있는 거예요. 또 기초대사량도 13~15퍼센트 증가해 먹어도 살이 잘 찌지 않는 등, 여성에게는 좋은 일뿐이랍니다.

몸을 따뜻하게 만들면 혈액순환이 좋아지고 내장과 근육에 산소 공급과 영양 보급이 더 잘 이루어져요. 그 결과 몸의 면역 기능이 촉진되고 여러 가지 질병을 예방하거나 개선할 수 있게 되지요.

그러나 체온을 높이려고 해도 어떻게 해야 좋을지 모르겠다는 분도 계실 텐데, 매일 수십 분씩 근육 트레이닝이나 산책을 하는 건 바쁜 현대인에게는 수고스러운 일이죠.

그래서 매일의 습관 속에서 의식적으로 체온을 높이는 방법을 소개하겠습니다.

## ⋮ 몸을 따뜻하게 하는 음식을 적극적으로 섭취한다

찬 음식을 많이 섭취하는 것도 몸을 차갑게 하는 원인 중 하나입니다. 찬 음료나 음식을 먹으면 내장이 차가워지고 몸 내부에서부터 냉증을 가속

화시키게 되지요.

음식에는 몸을 따뜻하게 하는 '양성 식품'과 몸을 차게 하는 '음성 식품'이 있어요. 몸을 안쪽에서부터 따뜻하게 하려면 '양성 식품'을 적극적으로 섭취하는 것이 중요합니다. 대표적인 양성 식품으로는 '생강'이 있고, 그 밖에도 된장이나 간장 등의 발효식품도 좋아요.

반대로 몸을 차게 하는 음성 식품으로는 수박과 파인애플, 녹색잎 채소가 있어요. 또 커피도 몸을 차게 만들죠. 몸에 좋다고 알려진 샐러드도 사실은 몸을 차게 하는 원인이 될 수 있답니다.

커피보다는 홍차를 마시는 등, 식생활에 조금만 신경 써도 따뜻한 몸을 만들 수 있습니다.


## ⋮ 복대로 배를 따뜻하게 한다

'복대는 보기에 좀……'이라고 생각하는 분이 많을 텐데, 냉증에 복대만큼 좋은 것은 또 없답니다.

배를 만져봤을 때 차가움이 느껴진다면 주의해야 해요! 내장이 차가워지면 내장 기능이 저하되고 기초대사량도 떨어지죠. 여성 특유의 증상인 자궁과 난소 기능의 저하로 이어질 수도 있어요. 겉에서부터 따뜻하게 해주면 일시적으로 체온이 상승해 냉증을 완화시킬 수 있답니다. 요즘에는 겉보기에 그다지 표시 나지 않는 얇은 복대도 많으니 꼭 착용해 보세요.


## ┊ 삼음교혈로 냉증 퇴치

냉증이나 부인병 개선에 좋다고 알려진 유명한 혈이 '삼음교'입니다. 삼음교는 혈류를 개선함으로써 냉증을 완화시키고 자궁의 혈액순환을 원활하게 만들기 때문에 여성의 건강 증진에는 빼놓을 수 없는 중요한 혈로 알려져 있지요.

삼음교는 안쪽 복사뼈에서 손가락 네 개 정도 위에 위치하는데, 누르면 시큰한 통증이 느껴지는 부위예요. 숨을 내쉬면서 3번 정도 천천히 눌러주면 좋아요. 냉증이 심할 때에는 뜸을 뜨는 것도 좋은 방법입니다.

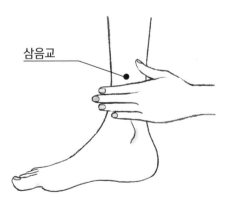

삼음교

## 백탕

의식석으로 제온을 높이려면 몸속부터 따뜻하게 만드는 것이 중요합니다.

아무것도 넣지 않고 끓인 물을 '백탕'이라고 하는데, 체온이 낮은 아침에 제일 먼저 따뜻한 백탕을 마시면 몸속에서부터 열이 만들어져요. 내장 기능을 활발하게 만들기 때문에 변비 해소에도 도움이 된답니다.

백탕은 또 아침뿐만 아니라 잠자기 전이나 몸이 차가워졌다고 느낄 때에도 마시면 좋습니다. 단, 너무 많이 마시면 부기의 원인이 될 수 있으니 하루 4회, 한 컵 정도씩 마시는 것을 추천합니다.


## 입욕

바빠서 시간이 없다는 이유로 샤워만 하는 분이 많겠지만, 냉증 개선에는 무엇보다 '입욕'이 최고입니다. 앞에서도 설명했듯이, 체온이 1도 올라가면 면역력은 5~6배나 상승해서 몸속이 뜨거워질 정도로 활성화되지요. 40도에서 42~43도 사이로 맞춰 10분간 입욕하면 체온이 1도 올라갑니다(*개인차가 있을 수 있습니다).

입욕은 체온을 올려서 면역력을 증가시키는 것 외에도 피로회복, 다이어트, 긴장 완화 등 다양한 미용 효과, 건강 효과를 발휘한답니다.

냉증은 생활 습관이나 식생활을 조금만 신경 써도 개선할 수 있습니다. 적당한 운동도 병행하면서 냉증 없는 건강한 몸을 만들어보세요!

# 잘못된
# 입욕 스킨케어법

대중목욕탕에 가면 잘못된 방법으로 스킨케어를 하시는 분들을 뵙곤 합니다. 예를 들면 입욕 중에 몸이 적당히 따뜻해져서 모공이 열렸을 때 클렌징을 하는 분이 많아요.

그런가 하면 클렌징 제품으로 마사지를 하면서 메이크업을 지우는 분도 있는데, 이건 절대 금물입니다! 클렌징 제품은 인공적으로 화장품을 지우는 것으로, 사실 스킨케어 중에서도 클렌징은 피부에 가장 부담이 많이 가는 단계거든요.

따라서 클렌징 제품으로 마사지를 하면 피부에 자극이 가고 피부에 필요한 피지까지 제거하게 됩니다. 피부의 촉촉함을 유지하는 천연 '지방'이 씻겨 나가면 피부가 건조해지거나 민감해질 수 있으니 주의하셔야 해요.

　또 클렌징 제품을 씻어낼 때 입욕 중 샤워기로 씻어내는 분이 있는데, 이때는 물의 온도에 주의해야 합니다. 몸을 씻는 것과 같은 온도로 얼굴을 씻는 건, 그것만으로도 피부가 건조해지는 원인이 될 수 있어요. 세안할 때 물의 온도는 일반적으로 32도가 적당한데, 피부 유형에 따라서는 다음과 같은 온도가 효과적입니다.

　지성 피부: 32~36도

　보통 피부: 30~40도

　건성 피부: 26~28도

　복합성 피부: 28~32도

　그리고 젖은 얼굴을 닦을 때는 수건을 사용하지 말고, 미용 티슈나 키친타월로 누르듯이 닦아내세요. 수건에는 세탁할 때 사용한 세제 성분인 '계면활성제'가 남아 있거나 먼지 등이 붙어 있을 수 있으니까요. 얼굴을 닦을 때 티슈나 키친타월로 바꾸기만 해도 원인 모를 피부 트러블이 개선되는 경우가 많답니다. 한번 시도해보세요.

## ⦂ 말린 표고버섯 이론

목욕 후에는 일분일초라도 빨리 보습해야 한다는 사실을 알고 계시는지요?

몸을 다 닦고 옷을 입고 난 후 스킨과 로션을 바르며 스킨케어를 시작하는 분이 많죠. 안타깝지만 이것도 좋지 않은 스킨케어 방법입니다. 왜냐하면 욕조 밖으로 나온 순간부터 피부 표면의 수분이 증발하기 때문이지요.

건조는 모든 피부 트러블의 원인이라고 해도 과언이 아닙니다. 종종 '피부가 건조하니까 보습력이 뛰어난 고급 크림을 바른다'라고 말씀하시는 분이 있는데, 이 또한 크나큰 착각이에요.

'말린 표고버섯'을 상상해볼까요?

바짝 마른 상태인 말린 표고버섯을 부풀리기 위해서는 충분히 수분을 머금게 해야겠죠? 물을 충분히 공급하지 않으면 표고버섯은 부풀지 않지요. 그것과 마찬가지로 건조한 피부에는 고급 크림이 아니라 수분을 듬뿍 공급할 필요가 있는 거예요.

목욕 직후 10분간은 목욕 전과 비교할 때 피부의 수분이 2배에 달한다고 합니다. 즉, 입욕하면서 기껏 수분을 충전해봤자 10분 안에 보습을 해주지 않으면 입욕 전 상태로 되돌아간다는 말이지요. 그뿐만 아니라 목욕 후 촉촉함을 머금은 피부에서 수분이 증발하면서 각질 세포간 지질과 NMF(천연보습인자)가 빠져나가 피부 건조를 유발한다고 합니다.

이때 필요한 것이 바로 스킨이죠. 스킨은 듬뿍 사용하는 것이 비결이에요. 화장솜 등을 사용하지 말고, 손바닥을 이용해서 피부에 스킨을 흡수시키세요. 손을 이용하면 자극을 줄일 수 있고 손의 온도로 인해 스킨이 더 잘 침투하게 된답니다.

단, 찰싹찰싹 소리가 날 정도로 두드리면서 흡수시키는 분도 있는데, 얼굴이 빨갛게 될 정도로 두드리는 것은 잘못된 방법이므로 주의하셔야 합니다.

피부에 수분이 흡수될 수 있도록 손바닥으로 얼굴을 감싸고 가볍게 탁탁 두드려주세요.

더 이상 흡수되지 않을 때까지, 100원짜리 동전 크기 정도의 양을 여러 번 반복해서 흡수시킵니다. 어정쩡하게 수분을 보충하는 것이 아니라, '더 이상은 수분이 필요 없을 정도로 피부가 촉촉해졌다'는 느낌이 들 때까지 반복해서 피부에 흡수시키는 거예요. 만져봤을 때 피부가 쫀득한 느낌이 들면 됩니다.

보습력이 떨어진 피부에는 소량씩 여러 번에 걸쳐 발라주도록 하세요. 특히 목욕 직후에는 가장 먼저 보습을 해야 하는데, 우선은 욕조에서 나오자마자 그 자리에서 스킨을 발라주세요.

세안한 뒤에는 최대한 빨리, 30초 이내에 보습! 이것이 기본 규칙입니다. 그리고 수분 증발을 막기 위해 막을 씌운다는 느낌으로 크림을 발라줍니다.

이게 바로 탱탱한 피부를 만드는 비결이랍니다.

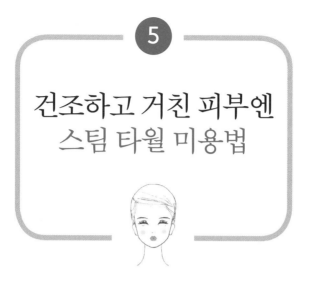

# 건조하고 거친 피부엔
# 스팀 타월 미용법

건조함이 피부에 좋지 않다는 사실은 앞에서도 설명했습니다. 건조한 피부를 그대로 방치하면 일시적으로 생기는 잔주름이 점점 늘어나서 결국 깊은 주름이 만들어집니다. 그리고 건조한 피부는 각질층을 두껍게 만들기 때문에 피부가 거칠어지고 노화의 원인이 될 수 있어요.

신진대사가 원활하게 이루어지지 못하고 오래된 각질이 축적돼 두꺼워진 상태를 '각질 비후'라고 합니다. 각질이 비후된 피부는 윤기를 잃어 거칠고 칙칙한 상태가 되지요. 나아가 각질층 수분이 부족해져서 피부가 건조해질 뿐만 아니라 화장품의 미용 성분이 침투하기 어려운 상태가 됩니다. 따라서 아무리 케어해도 효과가 나타나지 않고 트러블이 생기기 쉬운 피부가 되고 말아요.

이런 상태가 되면 아무리 비싼 크림을 써도 효과를 보기 어렵습니다.

바로 이럴 때 효과를 발휘하는 것이 '스팀 타월 미용법'이에요.

스팀 타월 미용법은 에스테틱 살롱에서도 시행하는 방법으로, 칙칙한 피부와 넓은 모공이 신경 쓰일 때, 피부에 투명함이 없이 거칠거칠하게 느껴질 때, 간단한 방법으로 놀랄 만큼 큰 효과를 가져다주는 방법입니다.

따뜻한 스팀 타월을 얼굴에 얹으면 열과 증기로 인해 거친 각질이 부드러워져요. 그리고 온열 효과로 혈액순환이 촉진되고 스킨이나 크림 등이 침투하기 쉬워져서 칙칙함과 다크서클 개선에도 도움이 되지요.

## ⋮ 스팀 타월 미용법

① 페이스 타월을 물에 적셔 가볍게 짜줍니다. 내열 접시에 타월을 올리고 전자레인지(500~600W)에 넣어 약 1분간 데웁니다.

② 따뜻해진 타월을 전자레인지에서 꺼낼 때는 반드시 타월의 끝부분을 잡고 몇 번 털어주어 온도를 안정시킵니다. 화상을 입지 않도록 주의하세요.

③ 얼굴에 올리기 전에 손이나 팔로 온도를 확인하고(따뜻하고 기분 좋은 느낌이 들 정도의 온도), 온도가 적당하면 얼굴에 올려서 3분 정도 팩을 합니다. 이때 스킨이나 로션, 미용 오일 등을 바른 뒤 팩을 하면 단 3분 만에 몰라볼 정도로 피부

가 탱탱하게 되살아난답니다.

스팀 타월에 미리 좋아하는 아로마 오일을 몇 방울 떨어뜨려 두면 피부뿐만 아니라 마음까지 힐링할 수 있어요.

# 보디 타월 사용은
## 절대 금물!

"몸은 무척 건조한데 등에는 여드름이 생겨요."

이런 경우라면 입욕 시 몸을 씻는 방법이 원인일 수 있습니다.

몸을 씻을 때 어떤 도구를 사용하나요? 혹시 나일론 재질의 보디 타월이나 스펀지를 사용해서 몸을 박박 닦지는 않나요?

"얼굴은 부드럽게 닦지만, 몸은 때가 벗겨지도록 박박 닦습니다."

이런 분도 많이 계시더군요.

몸의 피부가 거칠거칠하다면 나일론 재질의 보디 타월이나 스펀지, 보디 브러시 등 몸을 문지르는 도구는 절대 사용해선 안 됩니다. 이런 도구로 몸을 세게 닦으면 피부에 상처가 생길 뿐 아니라 중요한 것을 잃어 버리기 때문이지요.

우리 피부에는 피부를 지켜주는 '피부상재균'이라는 균이 살고 있어요. 균이라고 하면 불결한 이미지를 떠올리곤 하지만, 사실 이 피부상재균이야말로 아름다운 피부를 유지하는 데 무척 중요한 역할을 하는 존재랍니다. 피부상재균은 피지나 땀을 먹고 살아가기 때문에, 먹이가 되는 피지를 씻어내면 번식할 수가 없겠죠. 따라서 등에 난 여드름을 없애려고 박박 씻어내면 오히려 피부에 상처만 나고 증상을 더욱 악화시키게 됩니다.

저는 이 사실을 알고 난 후로 10년 넘게 보디 타월을 전혀 사용하지 않고 있어요. 몸을 닦을 때에는 비누나 보디 워시를 충분히 거품 낸 뒤 맨손으로 닦아줍니다. 맨손으로 닦으면 피부상재균의 감소를 막을 수 있는 것은 물론, 내 몸 상태를 체크할 수도 있어요. 그와 동시에 자연스럽게 몸 전체를 마사지하게 되지요.


## ⁝ 자꾸 만지고 싶은 매끈매끈 피부 만들기

목욕 후에는 얼굴과 마찬가지로 몸 전체에도 최대한 빨리 오일이나 크림을 발라 피부의 수분을 유지해주어야 합니다. 보습력 좋은 제품으로 몸의 수분이 달아나지 않도록 해주세요. 이때 화학성분이나 향료가 포함되어 있는 것은 피하는 것이 좋아요.

저는 식물성 오일을 추천합니다. 오일은 크림이나 로션 타입보다 보습력이 좋아서 피부의 건조를 빠르게 막아줄 수 있어요. 그중에서도 '호호바 오일'은 만능 오일이라고 불리는데, 얼굴과 몸, 헤어케어까지 가능하니 하나 장만해두면 무척 편리하답니다. 입욕 후 피부가 조금 젖어 있는 상태에서 사용하면 부드럽게 발리면서 더 빠르게 흡수되지요.

이처럼 몸의 보습도 무척 중요한 과정입니다. 얼굴과 마찬가지로 보디케어도 게을리하지 마세요.

# 키스를 부르는
## 입술 만들기

통통한 입술은 무척 매력적이죠. 한편 입술이 건조하고 거칠면 미용에
무신경한 사람 같은 인상을 줍니다. 그리고 입술이 건조하고 거칠어지면
립스틱도 예쁘게 바를 수가 없어요. 반면 입술이 촉촉하면 그것만으로도
매력적이고 여성스럽게 보인답니다.

입술은 보통 피부와는 달리 자외선의 자극을 막을 수 없는 데다가 수
분이 증발하는 것을 막아주는 각질층도 무척 얇아요. 즉 보습력이 없죠.
따라서 건조해지기 쉬운 부분입니다.

심하게 건조한 분은 꼭 시도해보셨으면 하는 방법이 바로 슈거스크
럽이에요. 시판 제품도 있지만, 간단하게 만들 수 있으니 직접 만들어보
세요. 여기에서 소개하는 스크럽 외에도 평소에 '바셀린'을 립밤 대용으

로 사용하면 윤기와 보습을 동시에 유지할 수 있답니다.

**립케어로 통통한 입술 만들기**

올리브 오일과 설탕으로 만드는 간단 스크럽 팩

&lt;재료&gt;

- 설탕 1큰술

- 꿀 1큰술

- 올리브 오일 1작은술

이 재료를 모두 섞어서 완성한 스크럽을 입술에 바른 뒤 랩을 씌우고 잠시 기다리세요. 랩을 씌우면 보습력이 좀 더 높아집니다.

이 슈거스크럽은 얼굴에도 사용할 수 있어요. 그렇지만 너무 강하게 문지르지 않도록 주의하세요! 부드럽게 원을 그리듯 마사지해주세요.

이걸로 피부도 입술도 탱탱해지고 한층 더 매력적으로 보일 수 있을 거예요.

# 출장 중에도 케어는 필수!

출장이나 여행을 갈 때면 건조함이 신경 쓰이는 분이 많을 거예요. 여기에서는 제가 실천하고 있는 방법을 소개합니다.

### ● 부기 예방을 위해 레그 워머 착용

이동 중에는 몸이 쉽게 부으니 철저하게 부기를 예방해야 합니다! 특히 근육량이 적고 발끝의 혈액순환이 잘 안 되는 여성의 경우 발목을 따뜻하게 해주는 것이 중요하지요.

발목은 여름에도 에어컨의 냉기 등에 노출되기 때문에 계절을 불문하고 따뜻하게 해주는 것이 아름다운 다리를 만드는 지름길이에요. 저도 평소 이동해야 할 일이 많은데, 비행기나 기차에서는 늘 발목의 보온을 위해 레그 워머를 착용합니다.

또 장시간 비행기를 탈 경우에는 부기를 예방하기 위해 미리 압박 스타킹을 착용하곤 해요. 이것만 해도 놀랄 만큼 체감 온도가 달라지고 다리의 부기를 개선할 수 있답니다.

## ● 건조를 막기 위한 아로마 오일 미스트

비행기나 기차 안은 냉난방을 하기 때문에 건조해지기 쉽습니다. 우선은 얼굴에서 수분이 빠져나가지 않도록 신경 써서 보습을 해주세요.

제가 추천하는 방법은 마음에 드는 오일을 넣어서 만드는 수제 아로마 미스트입니다. 아로마 미스트를 갖고 다니며 생각날 때마다 한 번씩 뿌려주기만 해도 피부의 수분을 유지할 수 있어요. 화장을 고치면서도 뿌리고, 호텔 방 안에도 뿌리는 등 사용법은 다양해요. 보습은 물론, 힐링과 더불어 긴장 해소 효과도 있답니다. 단 미스트를 뿌리고 그대로 말리면 오히려 더욱 건조해지니, 티슈로 누르면서 닦아주세요.

또 장시간 비행에 꼭 챙겨야 할 것이 '시트 마스크'입니다.

저는 비행기를 탈 때는 반드시 시트 마스크를 챙겨 다니며 보습에 신경 써요. 에센스가 듬뿍 들어 있는 시트 마스크는 극심한 건조 상태에서도 피부를 지켜주는 구세주와 같은 존재입니다.

조금 수고스럽기는 하지만 언제 어디서든 보습에 신경 쓴다면 피부는 확실히 변한다고 단언할 수 있어요. 탱탱한 피부를 유지하고 싶은 분은 꼭 시도해보세요!

## 아로마로 간단하게! 미용 스프레이

<재료>

무수에탄올 10밀리리터

마음에 드는 오일 5방울

정제수 90밀리리터

글리세린(촉촉한 타입을 원할 경우)

비커

유리막대

스프레이 용기

① 무수에탄올을 넣은 비커에 오일을 떨어뜨리고 유리막대로 잘 저어준 뒤 스프레이 용기에 담아줍니다.

② 정제수를 넣고 용기 뚜껑을 닫아준 뒤 가볍게 흔들어 섞어주면 완성

　　건조한 피부에는 라벤더, 로즈우드, 샌들우드, 팔마로사, 캐모마일 로만 등의 오일이 좋답니다.

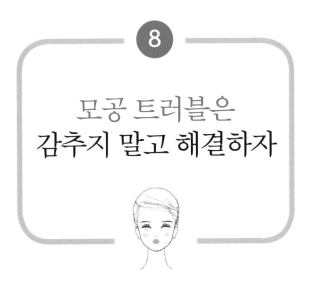

# 모공 트러블은
# 감추지 말고 해결하자

"거울을 보면 모공이 눈에 띄어서 자신감이 없어져요……."

콧방울의 블랙헤드나 볼에 있는 큼직한 모공으로 고민하는 분들이 무척 많지요. 그런데 이 고민덩어리 모공을 잘못된 케어로 도리어 악화시키고 있는 분도 많습니다. 콧방울에 올라온 화이트헤드와 블랙헤드를 무리하게 제거하려다가 오히려 모공이 넓어졌다는 분도 계시고요.

우선 알아야 할 것은 피부의 턴오버입니다.

턴오버란 피부의 신진대사 사이클로, 표피세포가 재생되고 오래되면 각질이 되어 탈락하는 신진대사를 말해요. 이 턴오버가 정상적으로 이루어져야 건강한 피부를 유지할 수 있답니다. 무리하게 힘을 주어 모공의 블랙헤드를 제거하려고 하면, 피부 장벽 기능이 약해지면서 피부의 재생 사이클에 영향을 주게 돼요.

그렇게 되면 수분이 증발하면서 건조한 피부나 민감성 피부가 될 우려가 있습니다. 피부는 수분 손실을 막기 위해 피지를 더 많이 분비할 것이고 그리하여 번들번들하게 기름기가 돌게 되는 것이죠. 이 번들거림을 제거하려고 기름종이를 사용하면 피부는 '수분이 아직 부족해!'라고 생각해서 피지를 더 분비하는 악순환이 발생합니다. 피지가 신경 쓰이는 분은 티슈로 살짝 눌러준 뒤 파우더로 가볍게 쓸어주는 게 좋아요.

또한 모공으로 고민하는 분은 모공을 가리려고 파운데이션을 두껍게 바르는 경우가 많은데, 결과적으로는 모공에 노폐물을 쌓이게 해서 더욱 악화시키고 말죠. 이런 분은 메이크업을 두껍게 하지 말고 모공에 노폐물이 쌓이지 않도록 클렌징과 세안을 꼼꼼하게 해주는 것이 중요합니다.

모공이 신경 쓰인다고 해서 강하게 박박 문지르면 안 돼요. 따뜻한 타월로 고민 부위를 따뜻하게 해주면 모공이 열리면서 노폐물을 제거하기 쉬워집니다. 그리고 세안 후에는 충분히 보습을 해줘서 모공을 조여야겠죠.

모공 중에서도 물방울형 모공은 심각한 상태라고 볼 수 있어요. 볼 주위에서 흔히 볼 수 있는 큰 모공은 피부가 처지면서 눈에 띄게 되는데, 원래 원형이었던 모공이 중력의 영향으로 처지면서 물방울형으로 변하는 것이죠.

이러한 모공 트러블을 개선하기 위해서는 일상적인 스킨케어가 중요합니다. 처짐의 원인인 진피층에 안티에이징 케어를 해서 콜라겐 생성을 촉진하거나 지용성 비타민C 유도체가 포함된 화장품을 사용하면 피부를 탱탱하게 끌어올리는 효과가 있어요. 평소 사용하는 화장품에 이러한 성분이 들어간 화장품을 추가해 정성스럽게 케어해주면 처짐을 예방할 수 있습니다.

자신의 모공이 어떤 형태인지 파악하고 올바른 케어를 해주도록 하세요. 또 셀프 에스테틱과 함께 양질의 수면을 취하고 규칙적인 식생활을 하는 등 기본적인 생활습관을 개선하는 것이 중요하답니다.

# 비단 머릿결을 위한
# 간단 셀프케어

건조한 피부와 더불어 또 하나 신경 쓰이는 것이 푸석푸석하고 뻣뻣한 머리카락입니다. 머리카락은 여자의 생명이라고 일컬어지며, 머릿결이 좋아야 진짜 미인이라고들 하지요.

푸석거리는 머릿결이 신경 쓰이는 분께 추천하고 싶은 것은 뭐니 뭐니 해도 '아웃배스 트리트먼트'라 하겠습니다. 즉 물로 헹구지 않는 트리트먼트를 말하죠.

일반적으로 샴푸와 트리트먼트에는 계면활성제가 들어 있어서 물로 헹구지 않으면 피부에 좋지 않은 영향을 줍니다. 이와 반대로, 목욕할 때 외에는 물로 헹구지 않아도 되는 트리트먼트를 해주는 것을 아웃배스 트리트먼트라고 해요.

아웃배스 트리트먼트에는 오일이나 크림 등 여러 가지 종류가 있습니다. 가끔 아웃배스 트리트먼트 제품을 이용하면 얼굴 주변에 피부 트러블이나 뾰루지가 생긴다고 하는 분도 있어요. 사실 제품의 성분에 따라서는 피부에 자극이 되는 것도 있죠…….

얼굴과 머리카락은 가까운 위치에 있기 때문에 최대한 천연 성분을 사용하는 것이 좋습니다.

제가 추천하는 것은 호호바 오일이에요. 앞에서도 소개했듯이, 호호바 오일은 헤어케어뿐만 아니라 전신에 사용할 수 있는 오일이지요. 호호바 오일의 주성분인 왁스에스테르는 두피와 머리카락에 수분을 채워주고 비타민A, 비타민D, 비타민E, 미네랄 등이 들어 있어 아름답고 건강한 머릿결로 가꾸어줍니다.

머리를 감은 뒤 머리카락의 물기를 잘 닦고 1~2방울을 손바닥에 떨어뜨려 머리카락에 발라주세요. 헤어드라이어로 인한 머릿결 손상을 방지해주고 윤기 나는 머리카락으로 마무리해준답니다.

여름철에는 더워서 드라이어로 말리기 귀찮다고 하는 분도 있지만, 자연 건조는 머릿결에 좋지 않아요! 기껏 열심히 케어한 두피에 잡균을 번식하게 만드는 꼴이죠. 아름다운 머릿결을 만드는 아웃배스 트리트먼트를 한 뒤에는 반드시 드라이어로 말려주세요.

매일 조금씩 케어한다면 지나가던 사람들이 돌아볼 정도로 아름다운 머릿결을 갖게 될 거예요.

# '틈새 운동'으로
# 매력 미인 되기

규칙적인 생활에는 적당한 운동도 필요합니다. 그렇지만 시간이 없거나 운동을 싫어하는 분도 많죠.

　운동이라고 하면 매일 조깅이나 헬스를 해야 한다고 생각하기 쉽지만, 사실 꼭 격렬한 운동을 할 필요는 없어요. 오히려 약간 땀이 날 정도의 가벼운 운동이 이상적이지요. 그러니 일상에서 조금씩만 운동을 해도 충분하답니다.

　예를 들면 집에 올 때 한 정거장 전에 내려서 걸어오기, 청소기를 돌릴 때 엉덩이와 허벅지 근육을 의식적으로 사용하기, 지하철에 탈 때 자리에 앉지 말고 배에 힘을 주며 서 있기, 에스컬레이터 대신 계단을 이용하기……

이렇게 일상생활에서 몸을 움직이는 기회를 조금씩 늘려주는 게 좋아요. 조금씩이라도 꾸준히 반복하면 기초대사량이 높아지고 칼로리 소비를 증가시켜 운동의 효과가 나타난답니다.

# 자외선은 일 년 내내
## 완벽 차단

'자외선은 백해무익'.

　미용 업계에서 자주 하는 말입니다. 피부가 자외선 등의 자극을 받으면 멜라닌이 만들어져요. 멜라닌은 우리 몸을 지켜주지만 너무 많이 생성되면 피부의 건조나 기미, 주름의 원인이 되죠. 그뿐만 아니라 노화의 원인인 활성산소도 대량으로 만들어냅니다.

　자외선 차단이 필요한 건 맑은 날만이 아니에요. 흐린 날의 자외선 양은 맑은 날의 50~60퍼센트, 비가 오는 날은 30퍼센트 내외라고 합니다. 따라서 UV(자외선) 케어는 일 년 내내 필수라고 생각하시는 게 좋아요.

　가정주부들 중에는 외출을 안 하니 UV 케어도 하지 않는다는 분도 있는데, 자외선은 창문을 통해 집 안까지 침투한답니다. 그중에서도 가장 파장이 길어서 피부 속 진피까지 도달해 기미를 만드는 'UVA(자외선 A파)'는 창문 투과율이 80퍼센트 이상으로 알려져 있어요. 따라서 젊은 피부를 유지하기 위해서는 외출과는 상관없이 UV 케어를 제대로 해줄 필요가 있습니다.

단 자외선 차단 크림 등의 케이스에 적혀 있는 SPF나 PA의 수치만큼 효과를 보려면 상당히 많은 양을 발라야 하는데, 얼굴에만 무려 500원짜리 동전 크기만큼의 양을 발라야 한답니다. 실제로 그만큼의 양을 얼굴 전체에 바르는 것은 어려울뿐더러, 수치가 높은 자외선 차단 크림일수록 씻어낼 때 피부에 주는 부담과 자극 또한 큽니다. 따라서 피부에 부담 없이 자외선을 차단하기 위해서는 한 번에 많은 양을 바르는 대신 2시간마다 덧발라주는 것이 좋습니다.

아침에 자외선 차단 크림을 바른다 해도, 특히 여름에는 땀이나 피지로 인해 쉽게 지워지지요. 끈적거리는 부분은 티슈나 화장솜으로 가볍게 눌러주고 파우더 파운데이션을 꼼꼼하게 발라주세요. 자외선 차단 크림을 덧바를 때는 먼저 스킨으로 수분을 공급해주는 게 중요합니다.

외출할 때는 UV 로션 등을 이용해 자외선을 차단해줍니다. 화장이 무너진 부분에 UV 로션을 바르고 그 위에 파우더 파운데이션을 바르면 건조함도 해결할 수 있죠. 하루 중 가장 자외선이 강한 낮 12시 전후에는 특히 자주 발라주도록 하세요.

그리고 모자를 쓰거나 양산을 써서 자외선을 막아주는 것도 좋아요.

또 눈으로 침투하는 자외선을 차단하기 위해 선글라스를 끼는 것도 중요하답니다. 눈으로 들어오는 자외선에 뇌가 반응해서 '멜라닌을 만들어라'라는 명령을 피부에 보내기 때문인데, 피부에 직접 닿지 않는다 해도 기미가 생기는 원인이 될 수 있으니 가능하면 선글라스를 쓰는 것을 추천합니다.

저는 외출을 하면 그늘을 찾아서 그늘을 따라 이동하곤 하지요. 조금만 신경 써서 몇 년 후 피부가 달라진다면 그 노력도 아깝지 않겠죠?

아름다운 피부를 만들기 위해 필요한 클렌징, 보습, UV 차단은 그리 어렵지 않습니다. 일상에서 조금만 주의해 케어해주면 1년 후, 3년 후, 5년 후 당신의 피부는 확실하게 달라질 거예요.

꼭 꿈꾸던 아름다운 피부를 만들어보세요.

# 비밀 다이어트!
# 식욕 억제 비법

다이어트는 여성들의 영원한 숙제라고 해도 과언이 아니죠.

다이어트에 효과적인 스폿은 두 군데 있습니다.

우선 첫 번째, 입을 다물고 입꼬리를 대각선 위로 끌어올렸을 때 입꼬리에서 약간 바깥쪽에 움푹 파인 곳, 이곳이 '지창'이라는 혈이에요.

지창은 안면 신경을 완화시키는 지점이어서, 이곳을 자극하면 얼굴의 부기가 빠지는 등의 효과가 있을 뿐 아니라 입가 주름이나 처짐을 예방하고 입가를 위쪽으로 끌어올려 표정을 좋게 만드는 효과도 있어요. 또한 위의 움직임을 조절하는 작용도 있어서 다이어트에도 효과적이라고 알려져 있습니다.

이 지창을 좌우 동시에 검지로 압박하기만 하면 끝! 공복에 이곳을 자극하면 식욕이 억제되지요. 이 혈은 무심코 과식하곤 하는 분들에게 추천합니다.

또 하나, 식욕을 억제하는 데 효과적인 두 번째 스폿은 귀 옆에 있는 '기점'이라는 혈입니다. 귓구멍 앞쪽에 튀어나온 부분을 '이주'라고 하는데, 그 한가운데에 있는 것이 기점이에요.

식사하기 15분 전쯤 30초에서 1분 정도 기점을 꾹 눌러주세요. 그러면 식욕이 억제된답니다.

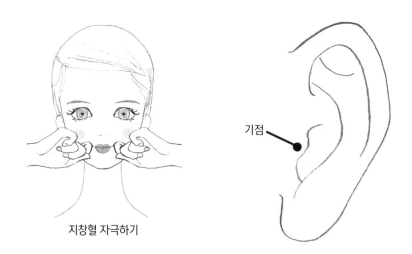

지창혈 자극하기

기점

# 몸과 마음의 리셋
## 간헐적 단식으로

제 아름다움과 건강 유지에 빼놓을 수 없는 것을 들라고 한다면 바로 '패스팅'(단식)이에요.

처음 '패스팅'을 시작한 계기는 잦은 회식으로 식생활이 불규칙해지면서 무심코 '몸을 리셋하고 싶다'는 생각이 들었던 것이었어요. 그런데 지금은 해마다 몇 번씩 정기적으로 할 정도로, 저에게는 빼놓을 수 없는 생활의 한 부분이 되었지요.

시간에 쫓기는 생활 속에서 마음의 균형이 무너졌을 때, 새로운 아이디어나 창의력이 필요할 때, 정기적으로 젊어지고 싶을 때, 이럴 때에도 단식은 안성맞춤입니다.

평소처럼 생활하면 아무리 노력해도 유해물질이 몸속에 축적되는데,

그런 '독소'를 배출하는 효과가 있는 것이 바로 '패스팅'이에요. 단식 기간에는 유해물질 등을 몸 밖으로 배출시키는 기능이 높아지고 피부의 턴오버 및 세포의 복원 재생 효과가 좋아져서 피부가 매끈거리고 아름다워진답니다.

이 모든 것은 단식함으로써 활성화되는 장수 유전자(시르투인 유전자) 덕분입니다. 시르투인 유전자란 장수 유전자 또는 항노화 유전자라고 불리며, 이 유전자가 활성화되면 생물의 수명이 연장된다고 합니다.

사람에 따라 효과는 제각각이겠지만, 제가 패스팅을 한 뒤 느꼈던 효과는 다음과 같습니다.

- 피부가 좋아진다
- 체중이 감소한다
- 머리가 맑아진다
- 알레르기 반응이 줄어든다
- 체내가 디톡스된다
- 냉증이 해결된다
- 스트레스가 해소된다
- 마음이 디톡스된다
- 감각이 예민해진다

즉 패스팅을 하면 피부가 재생됨과 동시에 체내 디톡스 효과가 있어서 체중도 감소합니다. 또 머리가 맑아지면서 아이디어가 샘솟게 되지요. 매일 매일 쌓이던 스트레스가 해소되고 감각이 예민하게 되살아나요. 그 밖에도 여러 효과를 실감할 수 있는데, 무엇보다 몸과 마음에 쌓여 있던 나쁜 기운을 배출시켰다는 상쾌함! 이 느낌을 맛보면 그만둘 수가 없답니다.

요즘 유행하는 것들을 보면 '물 단식', '효소 단식', '녹즙 단식' 등 그 종류와 방식도 무척 다양합니다. 제가 지속적으로 실행하는 방법은 '인삼 사과 주스 단식 요법'이에요. 의사인 이시하라 유미 선생님이 권하는 '이시하라식' 방법입니다.

인삼은 체내의 노폐물을 밖으로 내보내는 디톡스 효과가 무척 뛰어나며, 비타민 약 30종, 미네랄 약 100종 외에도 인간에게 필요한 대부분의 영양소가 포함되어 있어요. 인삼 사과 주스의 영양가는 놀랄 정도여서 면역 기능을 높여주고 여러 가지 질병 예방 및 개선 효과까지 기대할 수 있죠. 그뿐만 아니라 정장 작용 및 항산화 작용도 뛰어나 젊어지는 효과도 있답니다. 물론 영양소도 제대로 보충해주고요.

몸과 마음을 쉬게 하고, 아무것도 하지 않고 아무것도 생각하지 않는다…….

그렇게 하면 깨어 있으면서도 자연스럽게 명상 상태로 빠져들 수 있어서, 마치 마음에 들러붙은 부성적인 삼성을 한 장씩 벗겨내는 기분이 들어요. 미경험자는 믿기 어려울지도 모르지만, 계속 이 상태로 있고 싶다…… 하는 생각이 들 정도로 기분 좋은 상태가 이어진답니다.

고형물을 섭취하지 않으니 평소 쉴 새 없이 일하던 내장이 휴식할 수 있고, 그럼으로써 내장의 기운이 회복됩니다. 내장이 건강해지면 피부도 되살아나고 몸의 에너지가 상승할 뿐만 아니라 각종 질병으로부터 몸을 보호할 수 있게 되지요. 따라서 패스팅은 '궁극의 안티에이징'이라고 할 수 있겠습니다.

갑자기 장기간 단식은 어렵겠다고 생각된다면, 아침 식사만 '인삼 사과 주스'로 대신하는 등의 쁘띠 단식은 시도해볼 수 있을 거예요.

채우고 보충하는 것도 물론 중요하지만, 우선은 필요 없는 것을 내려놓아보세요. 패스팅을 통해 이러한 삶의 방식을 한번 생각해보는 것도 좋지 않을까요?

3장
—

# 건강하게
# 아름답게
# 행복하게

# 버리고 정리하니
## 상쾌하고 행복해

이 빠진 접시를 그대로 계속 사용하거나 긁힌 자국이 난 핸드백을 아직 쓸 수 있다며 계속 사용하고 있지는 않나요?

특별한 추억이 있는 물건이라면 어쩔 수 없지만, 아직 더 쓸 만하다는 생각에 주저하는 중이라면 큰맘 먹고 처분해보세요.

평소에 사용하는 거울을 깨끗이 닦고, 메이크업 파우치를 새것으로 바꿔보는 건 어떨까요? 유통기한이 지난 화장품을 버리고, 영수증으로 가득 찬 지갑을 정리하는 것도 좋아요. 주변의 물건을 살펴보고 정리하면 왠지 모르게 상쾌한 기분이 들 거예요. 그야말로 미니멀리즘의 실천이죠.

꼭 미니멀리즘이 아니더라도 기분이 상쾌해지는 일을 찾아보세요. 좋아하는 스포츠를 하며 땀을 흘리거나, 휴일에는 집 근처 카페 테라스에서 아침을 먹으며 여유를 즐겨보거나……. 좋아하는 TV 프로그램을 보거나 독서 삼매경에 빠져보는 것도 좋겠지요. 돈을 들이지 않더라도 얼마든지 특별한 시간을 만들 수 있습니다.

환경을 정리한다는 말은 인간관계에도 적용할 수 있어요. 이웃과의 관계나 그룹 모임으로 몸과 마음이 지친 분도 많을 거예요. 그럴 때는 그들과의 관계를 한번 되돌아보세요. 지인의 추천으로 구독하게 된 신문도 실제로는 별로 읽지 않는다면 끊어도 괜찮습니다. 엄마들끼리의 뒷말에 치이는 것 같은 기분이라면, 거기에 동조하지 말고 못 들은 척해도 좋겠네요. 가장 중요한 것은 '당신이 무리하지 않는 것'이니까요.

내키지 않는 인간관계를 계속 질질 끌고 가다 보면, 마음이 편하지 않아서 몸에도 좋지 않습니다. 불필요하다는 생각이 들면 과감히 버리는 겁니다. 그러면 빈 공간에 새로운 것을 채울 수 있어요. 진정한 자신과 만날 수 있는 기회를 놓치지 않기 위해서라도 마음속 쓰레기는 버려야 합니다.

인간에게는 누구나 평등하게 하루 24시간이 주어지고, 그동안 할 수 있는 일의 양도 당연히 한정되어 있어요. 불편한 사람과 그런 귀중한 시간을 허비하는 것만큼 아까운 일도 없죠.

주위에 신경 쓰이는 것이 있다면 단호하게 정리해보는 건 어떨까요?

# 미래를 바꾸는
## 긍정의 말

'말의 힘'이라는 말을 들어본 적이 있나요? 말 속에는 힘이 있고, 어떤 말을 내뱉으면 그 말에 내재된 힘이 발휘된다는 사고방식이지요. 즉 부정적인 말에는 부정적인 힘이 잠재돼 있고, 긍정적인 말에는 긍정적인 힘이 숨어 있다는 것이지요.

"이제 아줌마니까⋯⋯", "나는 안 될 거야⋯⋯"처럼 부정적으로 말하고 있진 않나요? 그런 말에도 힘이 존재한다는 것을 잊지 마세요.

긍정적인 말을 사용하면 주위에도 밝은 인상을 줄 뿐만 아니라, 스스로도 모르는 사이에 긍정적인 기분이 된답니다. 당신이 다른 사람들에게서 듣고 싶은 말이 무엇인지 한번 생각해보세요.

물론 긍정적인 말이겠죠. 그렇지만 무의식중에 상대의 말을 부정하고 자기 마음에도 부정적인 암시를 걸게 되기도 해요.


## ⋮ 거울의 법칙으로 나도 상대방도 더욱 빛나게 만들기


예를 들면 이런 경우가 있겠습니다.

"○○씨, 요즘 예뻐졌네요"라는 칭찬을 들었는데, 부끄럽거나 겸손해야 된다는 생각에 "에이, 아니야~"라고 무심코 부정해버리지는 않았나요? 진심으로 칭찬해주었는데 당신이 그런 반응을 보이면 상대방도 실망했겠죠. 상대의 순수한 마음을 그대로 받아들이지 못하고 뿌리친 셈이 되어버렸습니다.

칭찬받았을 때는 순수하게 "고마워요"라고 대답해보세요. 물론 '최고의 미소'를 지으면서 말이죠.

그런 당신의 반응에 상대도 '역시 말하길 잘했어'라고 안도하며 마찬가지로 미소를 보여주겠죠. 그리고 그 모습에 당신도 더 기분이 좋아질 거예요. 상대방이 기쁘면 자신도 기쁜 법이니까요. 이것이 바로 '거울의 법칙'입니다.

거울을 들여다보듯, 자신이 들었을 때 기분 좋은 말이나 반응을 상대방에게 해주는 거예요. 신기하게도 자신감이 부족한 사람일수록 의외로 다른 사람의 장점을 잘 발견하는 경우가 많답니다.

우선 다른 사람의 매력적인 부분을 칭찬해보세요. 상대방도 분명 기뻐할 거예요. 단, 기쁘게 해주고 싶다고 해서 아부하는 건 의미가 없습니다. 무엇보다 진심을 솔직하게 표현하는 것이 중요하니까요.

# 스트레스를 줄이는
## 발상의 전환

끊임없이 누군가의 험담이나 뒷말을 하는 사람이 있죠. 혹시 그런 사람과 이야기를 나누게 되더라도, 무심코 동조해서는 안 됩니다. 그럴 때는 사실을 알 수 없으니 자기 태도를 명확하게 하지 않아도 돼요. 내 눈으로 직접 보고 느낀 것을 믿고 판단하도록 하세요.

누군가 당신을 험담하는 걸 들었다 해도 일단 진정하고 꾹 참아봅니다. 같은 싸움판에 올라서는 안 돼요. 당신이 진실하다면 분명 힘이 되어줄 사람이 나타날 겁니다. 우선은 괴롭지만, 그럴 때는 '왜 이 사람이 험담하는 걸까' 하고 상대의 기분을 나름대로 상상해보면 어느 정도 마음이 편해진답니다.

예를 들어 '이 사람은 무슨 트라우마가 있는지도 몰라', '스스로는 깨닫지 못하고 있는 것 같지만 사실은 자신감이 없는 걸지도 몰라', '아무도 신경 써주지 않으니 외로워서, 험담을 통해 다른 사람의 주의를 끄는 걸까' 하는 식이죠.

상상한 것들이 진짜든 아니든 상관없어요. 상대방을 동정할 필요도 없죠. 그가 그렇게 행동하는 데에는 어떤 이유가 있을 거예요. 그 후보를 나름대로 몇 가지 꼽아보는 것만으로 스트레스를 완화시킬 수 있어요.

마음이 맞지 않는다면 그저 '주파수가 안 맞네'라고 생각하는 것도 한 방법이에요. 안 맞는 사람과 함께 있어 봤자 되는 일은 없습니다. 마음 편한 사람들과 함께 있으면 자연스럽게 내면은 성장하고 사고방식에도 좋은 변화가 일어나죠. 내면이 아름다워지면 겉으로도 나만의 아름다움이 배어 나오게 된답니다.

# 괴로울 때는
# 직감을 따라가요

살다 보면 괴로운 일, 슬픈 일이 많아요. 직장에서든 집에서든, 결정을 내리기 힘든 상황에 마주칠 수도 있을 거예요. 그럴 때 진실을 냉정하게 받아들일 수 있는 사람이 있는가 하면, 이성을 잃는 사람도 있죠.

그러나 그럴 때야말로 기억해야 하는 것이 '자신의 직감을 중시'하는 것이에요. 사람한테는 '직감'이라는 게 있습니다. 왠지 모르게 기분 나쁜 예감이 든다거나 하는 경우 말이죠. 그런데 온갖 경험과 지식이 쌓이게 되면 상식이나 체면, 상대방과의 관계 때문에 그 직감을 무시하기도 해요.

'이 사람과는 맞지 않는 것 같아'

그렇지만 괜찮은 사람 같고 친구도 많아 보이니 만나볼까.

'이 문제는 지금 해결하지 않으면 더 큰일이 닐 것 같은데'

그렇지만 A씨가 관리하고 있으니까 괜찮겠지.


이런 식으로 순간의 상황을 어떤 의미에서는 자기 편할 대로 바꿔버리는 거예요. 그리고 나중에 정말 문제가 되고 나서 그 소용돌이에 휘말려 몸과 마음이 피폐해지는 분도 많습니다.

짜증이나 분노, 슬픔 등 마음이 진정되지 않은 상태에서는 직감을 알려주는 사인이 들리지 않아요. 그리고 무엇보다 부정적인 기분은 미용의 적이랍니다!

마음이 괴로울 때는 우선 기분을 가라앉히고 자신을 돌보며 긴장을 풀어보세요. 저도 괴로운 일이 많았지만, 스스로 저 자신을 인정하고 돌보는 일을 습관화한 결과, 위기도 일종의 기회로 받아들일 수 있게 되었습니다.

맞아요, 실패나 괴로운 경험은 나쁜 면만 있는 게 아닙니다. 물론 그 한가운데에 있을 때에는 괴롭고 슬퍼서 견딜 수가 없지만, 아무리 괴로운 일에도 반드시 끝은 찾아옵니다. 그 힘든 과정을 이겨내고 나면 이전보다 더 강해지고, 비슷한 일로 고민하는 다른 사람의 괴로운 기분을 이해하게 되고, 더 상냥해질 거예요. 분명 아주 많은 보물을 손에 넣게 되겠지요.

괴로운 일과 슬픈 일을 극복해낸다면 누구나 아름답게 빛날 수 있답니다. 실패는 괴로운 경험이지만, 당신의 직감을 믿고 당신이 원하는 길로 나아가도록 하세요.

# 언제까지나 아름답게 빛날 당신에게

10대 시절에 모델 일을 해봤던 저는 그 당시부터 막연하게 '아름다움'에 관심을 갖고 있었습니다.

에스테티션이라는 직업을 갖게 된 건, 스무 살 무렵에 겪은 아주 힘든 경험 때문이었어요. 제가 가장 사랑하던 아빠가 집에서 쓰러져서 51세라는 젊은 나이에 세상을 떠나셨습니다. 당시 제가 집에 있었는데도 아빠의 몸에 이상이 생긴 걸 눈치 채지 못했죠……. 아빠를 구하지 못했다는 후회와 죄책감 때문에 저 자신이 원망스러웠어요. 눈앞의 현실을 받아들이지 못하고 어둠 속에서 발버둥치며 괴로워하기만 했죠.

그때 에스테이션이라는 직업이 한 줄기 빛으로 다가왔습니다. 살롱에서 케어를 받고 집으로 돌아가는 고객의 반짝반짝 빛나는 모습을 보고 있노라면 저까지 기뻐지더군요. 빨리 제대로 된 에스테티션이 돼서 고객에게 미소를 선사하고 싶다는 욕심에, 커튼 너머로 선배의 기술을 배우며 계속 트레이닝을 하고 에스테틱과 마사지 기술을 연마했습니다.

그런 한편으로, 사람의 몸과 마음을 더욱 깊이 공부하고 싶어 전문학

교를 다니며 리플렉솔로지(발바닥에 있는 신체 각 부위에 상응하는 반사구를 지압, 마사지함으로써 긴장을 풀고 혈액순환을 원활하게 하는 요법. 리플렉솔로지스트는 발바닥을 보고 온몸의 건강 상태를 알 수 있다고 한다 – 편집자) 자격을 취득했지요. 또 아로마, 기공, 베이비 마사지 등 건강과 미용에 관한 다양한 기술도 공부했습니다. 배우면 배울수록 몸과 마음은 깊이 연결되어 있다는 것을 느꼈고, 몸과 마음의 개선에 도움을 줄 수 있는 에스테티션이라는 직업을 천직으로 생각하게 되었지요.

이윽고 한 호텔의 고급 스파에서 일하게 되었을 무렵, 지인에게서 살롱의 전체적인 프로듀싱을 해보지 않겠냐는 제안이 들어왔어요. 저에게는 큰 도전이었지만 결과는 대성공이었죠. 이를 계기로 저만의 살롱을 가지고 싶다는 생각이 들어 경영 공부를 시작했습니다. 인맥을 넓히고, 정보를 수집하고, 착실하게 준비한 결과 마침내 2007년 그토록 바라던 살롱을 개업할 수 있었습니다.

그러나 어느 날, 인생의 전부를 바친 에스테티션이라는 직업을 그만 둬야 할 때가 찾아왔습니다.

리먼 쇼크와 동일본 대지진 등으로 미용업계는 하락세를 걷게 되었고, 마침 그 와중에 쐐기라도 박듯, 저는 병에 걸리고 말았습니다.

손의 피부가 벗겨지고 참을 수 없을 정도의 가려움과 통증에 시달리던 나날들. 병원을 몇 군데나 돌아다녔지만 의사들은 한결같이 '일을 그만두셔야 합니다'라고 말할 뿐이었어요. 강한 스테로이드제를 복용하고, 고객에게 불쾌감을 주지 않도록 에머리보드로 손등을 다듬어 매끈하게 만들곤 했죠. 온갖 방법을 다 써봤지만 병은 악화될 뿐이었어요. 끊임없이 통증과 싸우면서 일해야 했던 시간이었습니다.

고객을 소중하게 생각하는 마음, 내 가게에 소홀하고 싶지 않다는 자부심, 지금 에스테티션을 그만두면 내 미래는 어떻게 될까 하는 불안 때문에 일을 그만두겠다고 결심하기까지는 3년이 걸렸습니다.

그러던 중 하와이로 여행을 갔다가 거기서 영적 카운슬러와 같은 존

재인 카후나를 만났어요. 괴로워하던 저를 보다 못한 지인이 소개해준 것이었죠. 그녀와 만난 순간, 자세한 상담을 하기도 전에 카후나는 제 눈을 바라보며 이렇게 말했어요.

"스스로를 사랑하지 않으면 다른 사람을 사랑할 수 없어요."

마치 바윗덩어리로 머리를 얻어맞은 것처럼 강렬한 메시지였어요. 그때 처음으로 제가 스스로를 희생해왔다는 사실을 깨달았습니다. 독한 약을 견디고, 손의 고통과 가려움을 무시하면서 고객을 아름답게 만들려고 하다니……. 자기 몸과 마음도 돌보지 못하는 사람이 다른 사람을 돌본다는 건 말도 안 되는 일이었죠. 저는 제 오만함을 반성하고 살롱에서 손을 떼기로 결정했습니다.

한편으로 누군가의 도움 없이 유지될 수 없는 건강과 아름다움은 과연 무슨 의미가 있을까 하는 생각도 들었어요. 그래서 지금까지 조언해

왔던 내용과 집에서 간단히 할 수 있는 마사지, 미용법 등을 정리해서 고객에게 전달하기로 했습니다. 그것이 지금 소개하는 '셀프 에스테틱'의 원형입니다.

살롱의 문을 닫을 때 정말 마음이 찢어질 것 같았지만, 그 과정을 통해 '셀프 에스테틱'을 탄생시킬 수 있었고 많은 동료와 만날 수 있었어요.

'셀프 에스테틱'은 '스스로의 몸을 만져보고, 몸과 마음의 상태와 마주하고 돌봄으로써 스스로를 사랑한다'는 것을 목적으로 합니다.

셀프 에스테틱을 통해 자기 자신과 마주하다 보면 조금씩 스스로를 소중히 생각하게 될 거예요. 그렇게 스스로를 사랑하는 일을 반복함으로써 내면이 성장하고, 나중에는 그것이 인간적인 매력으로 드러나게 된답니다.

때때로 난관과 시련이 찾아와 우리를 괴롭히지요. 하지만 그로 인해 우리가 좀 더 성숙해진다는 사실을 잊으시면 안 됩니다. 저는 아버지의 갑작스러운 죽음, 그리고 제가 마주한 여러 난관을 통해 이런 메시지를 얻었어요.

'몸과 마음의 소리에 귀를 기울여라'

'그리고 스스로를 돌보고 사랑하기를 잊지 말아라'

자신의 몸과 마음의 상태를 파악하고 돌보고 사랑하는 것이 소중하다는 것, 누구나 머리로는 이해하지만 알고는 있어도 소홀히 하기 쉽지요. 그렇기에 저는 미용이라는 길을 통해 잊어서는 안 되는 이 사실을 계속 전달하고 싶습니다. 그리고 제가 연마해온 이 기술을 보다 많은 사람에게 전달함으로써, 자신감을 갖고 스스로를 사랑하는 여성이 더 많이 늘어나길 바랍니다.

정말로 아름다운 사람이란, 화장이나 겉모습의 아름다움만이 아니라 몇 살이 되어도 밝고 긍정적으로 나아가려는 마음을 가진 사람이라고 생각합니다.

이 책이 늘 아름답게 빛나기를 소망하는 당신에게 도움이 된다면 더할 나위 없이 기쁘겠습니다.

옮긴이: 김지영

이화여자대학교 국어국문학과를 졸업하고 동 대학 통역번역대학원에서 번역학 석사 학위를 취득했다. 현재 잡지를 포함, 다양한 분야에서 번역가로 활동하고 있다. 옮긴 책으로는《100년의 기록, 이와나미 서점 3》,《숲의 요정 페어리루 트윙클 스피카와 길 잃은 별똥별》,《재미나고 귀여운 만화 따라 그리기》,《호빵맨의 탄생》등이 있다.

홈에스테틱으로 꿀피부 만들기

초판 1쇄 발행일 2019년 10월 10일 | 지은이 데구치 아야 | 옮긴이 김지영 | 펴낸이 김현관
펴낸곳 율리시즈 | 책임편집 김미성 | 표지 디자인 HAND | 본문 디자인 이미연
종이 세종페이퍼 | 인쇄 및 제본 올인피앤비
주소 서울특별시 양천구 목동중앙서로7길 16-12 102호 | 전화 (02) 2655-0166/0167
팩스 (02) 2655-0168 | E-mail ulyssesbook@naver.com | ISBN 978-89-98229-73-3 13590
등록 2010년 8월 23일 제2010-000046호 | ⓒ 2019 율리시즈 KOREA

이 도서의 국립중앙도서관 출판시도서목록(CIP)은 서지정보유통지원시스템 홈페이지(http://seoji.nl.go.kr)와
국가자료공동목록시스템(http://www.nl.go.kr/kolisnet)에서 이용하실 수 있습니다. (CIP제어번호: CIP2019036965)
책값은 뒤표지에 있습니다.